1234

Das Buch

Mathematik spaltet die Menschen: Die einen lieben sie, die anderen stehen auf Kriegsfuß mit ihr. Dabei hat jeder von uns tief in sich eine Menge für Zahlen und Geometrie übrig. Nur weiß kaum jemand etwas davon. Selbst Affen, Raben und Pferde tun es, Ratten sowieso: rechnen. Und sie machen beim Jonglieren mit Zahlen ganz ähnliche Fehler wie wir Menschen.

Vom angeborenen Zahlensinn über verblüffend einfache Rechentricks bis hin zur Eleganz mathematischer Beweise schlägt Holger Dambeck den Bogen – und liefert Einblicke in die faszinierende Welt der Mathematik, wie man sie sich von seinen Lehrern gewünscht hätte. Spielerisch, unterhaltsam und für jeden verständlich zeigt uns der Autor, was Mathematik wirklich ist: nicht stumpfes Büffeln, sondern kreatives Denken. Ein Buch, das Mathemuffeln Mut macht und allen Lesern die Augen öffnet. Scharfes Nachdenken macht großen Spaß – fangen Sie am besten gleich damit an!

Der Autor

Holger Dambeck, geboren 1969, studierte Physik und ist seit 2003 Wissenschaftsredakteur bei SPIEGEL ONLINE. Bereits als 16-Jähriger trat er bei Mathematikolympiaden zum Lösen kniffeliger Aufgaben an. In der SPIEGEL-ONLINE-Zahlenkolumne »Numerator« schreibt er seit 2006 über die Wunderwelt der Mathematik. 2009 erschien von ihm das Buch zur Kolumne, »Numerator. Mathematik für jeden«. Im Folgejahr wurde Holger Dambeck für seine herausragenden Leistungen auf dem Gebiet der populären Mathematikvermittlung mit dem Medienpreis der Deutschen Mathematikervereinigung ausgezeichnet.

Holger Dambeck

Je mehr Löcher, desto weniger Käse

Kiepenheuer & Witsch

Mathematik verblüffend einfach

Verlag Kiepenheuer & Witsch, FSC® N001512

4. Auflage 2012

© 2012, Verlag Kiepenheuer & Witsch, Köln
© SPIEGEL ONLINE GmbH, Hamburg 2012
Alle Rechte vorbehalten. Kein Teil des Werkes darf in irgendeiner Form
(durch Fotografie, Mikrofilm oder ein anderes Verfahren) ohne schriftliche
Genehmigung des Verlages reproduziert oder unter Verwendung
elektronischer Systeme verarbeitet, vervielfältigt oder verbreitet werden.
Umschlaggestaltung: Barbara Thoben, Köln
Umschlagmotiv: © Dirk Schumann – www.fotolia.com;
Chairman – www.fotolia.com
Gesetzt aus der News Gothic und der Minion
Satz: Buch-Werkstatt GmbH, Bad Aibling
Druck und Bindung: CPI – Clausen & Bosse, Leck
ISBN 978-3-462-04366-2

Vorwort 9

Verblüffend: Unser Zahlensinn 13

Faszinierend: Mathe-Überflieger mit Fell und Federn 33

Logik hilft: Mit Zwanzigeins leichter durchs Einmaleins 53

Verkannte Genies: Wie Mathephobien entstehen 77

Einfach raffiniert: Was Mathematik eigentlich ist 97

Mathematik: Dem Wahren und Schönen gewidmet 119

Querdenken: Tipps und Tricks für kreative Lösungen 141

Typisch Mathe: Einsteins Relativitätstheorie 167

Göttliche Muster: Wie Mathematiker ihr Fach sehen 183

Quellen 197

Glossar 205

Lösungen 211

Vorwort

Dieses Buch geistert schon eine Weile in meinem Kopf herum. Seit über fünf Jahren schreibe ich bei SPIEGEL ONLINE in meiner Numerator-Kolumne regelmäßig über Mathematik. Meist geht es darin um Geschichten aus der modernen Wissenschaft, zum Beispiel um die Frage, wie Google die Trefferliste einer Suchanfrage berechnet. Mit einem System aus Milliarden Gleichungen. Es geht auch um Alltägliches wie den Trick, der die Zeit in der Warteschlange des Supermarkts verkürzen kann.

Ich weiß aus den Klickstatistiken, dass sich viele Menschen für Mathematik interessieren. Die meisten Texte werden mehr als 100.000 Mal aufgerufen. Ich weiß aber auch, dass das Fach die Menschen in zwei Lager spaltet wie kein anderes. Die einen lieben es, die anderen bekommen Albträume. Warum ist das so? Weshalb fragen mich gestandene Journalistenkollegen verschämt, wie man mit Prozenten rechnet? Fehlt ihnen ein Gefühl für Zahlen?

Spontan fielen mir keine schlüssigen Antworten darauf ein. Also begann ich zu recherchieren. Ich habe dabei Dutzende Bücher und Fachartikel von Mathematikern sowie Didaktikern gelesen. Nach und nach haben sich dabei die zentralen Thesen herauskristallisiert, die Sie in diesem Buch wiederfinden.

Es gliedert sich in drei Teile. In den ersten drei Kapiteln geht es um die Frage, wie viel Mathematik in uns Menschen steckt. Die Natur gibt uns eine Menge mit – Sie werden staunen! Sie erfahren auch, warum Rechnen eine sehr anspruchsvolle, aber zugleich völlig überschätzte Aufgabe für unser Gehirn ist.

Im vierten Kapitel geht es um die Frage, wie trotz unserer an sich guten Voraussetzungen Mathephobien entstehen können. Sie ahnen es womöglich, viel hängt vom Lehrer ab, mit dem man als Kind nun mal zu tun hat. Aber auch Eltern können einiges falsch machen und Heranwachsenden die durchaus vorhandene Lust auf das Fach austreiben. Entscheidend ist letztlich, Kreativität und eigene Wege zuzulassen. Wer als Schüler vorgeschrieben bekommt, wie er denken soll, verliert den Spaß daran.

In den verbleibenden Kapiteln nehme ich Sie dann mit auf eine spannende Reise in eine Mathematik, wie Sie sie aus der Schule kaum kennen werden. Mit welchen Tricks löst man scheinbar unlösbare Aufgaben? Entdecken Sie die betörende Schönheit und Kraft klarer Ideen, wie sie auch Albert Einstein hatte. Erleben Sie die Mathematik als Kunst – und nicht als kaum durchschaubares Werkzeug zum schematischen Lösen von Aufgaben.

Nicht zuletzt geht es in diesem Buch auch um ein großes Missverständnis, das leider, wie Mediziner sagen, chronisch geworden ist. Mathematik hat nämlich herzlich wenig mit dem zu tun, wofür viele das Fach halten.

Die gängige Meinung kennen Sie: Mathematik heißt rechnen, Zahlen in Formeln einsetzen, Sachaufgaben lösen. Dass Mathematik etwas ganz anderes ist, als stupide Zahlen in Formeln einzusetzen, die kaum jemand verstanden hat, wissen selbst viele Mathelehrer nicht. Sie haben das Fach genauso erlebt wie viele andere Mathegeschädigte auch. Es gibt Aufgaben, es gibt vorgegebene Lösungswege – und nur wer alles richtig einsetzt, kommt am Ende auf die korrekte Lösung.

So stecken Lehrer, Schüler und Eltern in einem Teufelskreis. Erwachsene lehren Kinder das Fürchten vor dem Fach, und wenn die Kinder groß sind, machen sie's genauso. Ein Teil der Menschen schafft es irgendwie doch, sich den Weg durch Geometrie und binomische Formeln zu bahnen. Alle anderen gehören zu jenen, die es angeblich einfach nicht kapieren.

Umso schlimmer, dass manche Lehrer und Bildungspolitiker die Mathematik dann auch noch als eine Art Scharfrichter betrachten, der intelligente von angeblich weniger intelligenten Kindern trennt. Mathematik zählt wie Deutsch zu den Kernfächern. Wer es kann, hat das Zeug für höhere Weihen, aber alle anderen müssen sich gewaltig strecken, damit sie nicht aussortiert werden. Das deutsche Bildungssystem macht traditionell nämlich genau dies. Eine schlechte Mathenote kann dazu führen, dass Schüler keine Empfehlung fürs Gymnasium bekommen oder aber einen miesen Abiturdurchschnitt haben.

Dass so viele Menschen mit Mathematik große Probleme haben, gilt nicht etwa als Indiz für einen möglicherweise grottenschlechten Matheunterricht – nein, es wird vielmehr als Bestätigung dafür gesehen, dass eben nicht jeder Mathematik kann. Ein folgenschwerer Irrtum!

Je mehr Löcher, desto weniger Käse, heißt dieses Buch. Ja, Mathematik kann wirklich genauso einfach sein wie die Erkenntnis, dass Luft kein Käse ist. Es ist eine Banalität, aber selbst kompliziert erscheinende mathematische Probleme können sich als Banalität erweisen, wenn man sie nur geschickt anpackt. Spannende Beispiele dafür finden Sie in den Kapiteln 5 und 6.

Dass Mathe ganz anders sein kann als in der Schule, werden Sie – so hoffe ich – auch beim Knobeln herausfinden. Sie finden in diesem Buch nämlich 40 ausgesucht schöne Aufgaben verschiedener Schwierigkeitsgrade, an denen Sie sich ausprobieren können. Manche habe ich mir selbst ausgedacht, andere habe ich bei der Recherche in Büchern oder dem Aufgabenarchiv von Matheolympiaden entdeckt. Die Zahl der Sterne neben jeder Aufgabe verrät Ihnen, wie anspruchsvoll diese ist. Ein Stern steht für leicht, bei vier Sternen müssen Sie sicher etwas länger nach der Lösung suchen. Geben Sie nicht zu früh auf und schielen Sie nicht gleich nach den Lösungen! Mit jeder Aufgabe, die Sie allein schaffen, wächst Ihr Selbstvertrauen.

Wie auch immer Sie zur Mathematik stehen – ich bin mir sicher, dass Sie nach dem Lesen dieses Buches Ihre Einstellung ändern werden. Mathematik ist wie Fußball, wie Musik, wie ein Brettspiel: Es gibt klare Regeln, man kann das Spiel ganz schematisch betreiben. Wer aber wirklich Spaß haben will, wird kreativ.

Viel Spaß beim Lesen, Denken, Knobeln und Entdecken!
Holger Dambeck

Ihre Meinung ist gefragt
Haben Sie Hinweise zu diesem Buch, Kritiken oder einen Fehler entdeckt? Ich freue mich über Ihre Rückmeldung!
Sie erreichen mich per E-Mail unter
holger_dambeck@spiegel.de
oder über die Numerator-Seite
www.spiegel.de/thema/numerator/im Netz.

Verblüffend: Unser Zahlensinn

Schon im Alter weniger Monate können Babys einfache Additionen ausführen. Die Zähl- und Rechenkünste kleiner Kinder verblüffen, sie sind offenbar angeboren. Woher aber kommt unser Zahlensinn? Und wie viel Mathematik steckt in jedem von uns?

Die Sesamstraße gibt eine Einführung in die Mengenlehre: Ernie sitzt vor einem Teller mit fünf Keksen, die Bert gehören. Er soll auf sie aufpassen, denn wenn das Krümelmonster vorbeikommt, ist es um die Kekse geschehen. Aber auch Ernie hat mächtigen Appetit auf die süßen runden Dinger. Schließlich nimmt er einen in die Hand und sagt: »Bert würde es bestimmt nicht stören, wenn ich ein bisschen davon abknabbere.«

So nimmt das Unheil seinen Lauf. Ernie knabbert und knabbert noch ein bisschen mehr – plötzlich ist der Keks schon halb aufgegessen. Er versucht dann, den Keks wieder rund zu beißen. Dummerweise ist er aber längst viel kleiner als die anderen. Damit das Malheur nicht auffällt, beschließt Ernie, dass der Keksrest ganz verschwinden muss – im eigenen Mund.

Dann kommt Bert. »Ich möchte jetzt meine fünf Kekse essen«, sagt er und zählt sie noch einmal durch. »Eins, zwei drei, vier – Ernie, es sind nur vier.« »Bist du sicher?« »Ja, ganz sicher.« Ernie ist in der Klemme, aber er hat eine Idee: »Moment, lass uns die Kekse mal ein bisschen auf dem Teller verschieben.« Er tut es und ordnet die Kekse zu einer Reihe an. »Jetzt sind es vielleicht wieder fünf«, meint er.

Die Keksschiebenummer misslingt natürlich. Mathematiker nennen dieses Phänomen Mengeninvarianz. Sie meinen damit, dass es egal ist, wie man Kekse anordnet – ihre Anzahl ändert sich dadurch nicht. Das Erstaunliche ist, dass bereits Babys dieses Phänomen kennen. Die kleinen Schreihälse vermitteln zwar nicht unbedingt den Eindruck, als ob sie wüssten, was Mengen sind, aber ihnen ist klar, dass Ernies Verschiebeaktion nie und nimmer gelingen kann.

Babys können Mathe – diese überraschende Erkenntnis ist gerade mal 30 Jahre alt. Denn nach den Theorien des Schweizer Entwicklungspsychologen Jean Piaget (1896–1980) sollten Kinder frühestens ab fünf Jahren ein Verständnis für Zahlen entwickeln. Beleg dafür war unter anderem ein Experiment mit sechs Flaschen und sechs Gläsern, das sogar eine gewisse Ähnlichkeit mit der Keksnummer aus der Sesamstraße hat.

Die Gläser und Flaschen bildeten je eine Reihe. Beide Reihen waren parallel zueinander angeordnet, der Abstand zwischen zwei Flaschen und zwei Gläsern war gleich. Der Versuchsleiter befragte dann vierjährige Kinder, ob es mehr Flaschen oder mehr Gläser seien. Gleich viele, antworteten alle Kinder. Offensichtlich hatten sie eine Eins-zu-eins-Übereinstimmung zwischen den beiden Reihen hergestellt.

Piagets Irrtum

Dann stellte der Erwachsene die Gläser weiter auseinander, die Glasreihe verlängerte sich dadurch. Die Flaschenreihe blieb hingegen unangetastet. Auf die Frage, ob es nun mehr Gläser oder Flaschen seien, antworteten viele Kinder, es gebe mehr Gläser. Der Zahlensinn ist im Alter von vier noch nicht entwickelt, folgerte Piaget. Den Kindern fehle das Konzept der Mengeninvarianz, weil sie nicht verstünden, dass sich eine Anzahl nicht ändere, wenn Objekte verschoben würden. Piaget interessierte sich als Psychologe natürlich nicht nur für das Zahlenverständnis, sondern auch für Lernprozesse, das Sprachvermögen und die motorischen Fähigkeiten von Kindern. Seine Arbeiten revolutionierten die Psychologie, denn sie beruhten auf Experimenten, teils mit seinen eigenen Kindern. Doch leider waren manche von ihnen, wie man heute weiß, mangelhaft durchgeführt – und die Schlussfolgerungen deshalb falsch. Beim Gläserrücken hatte Piaget nicht berücksichtigt, dass das Gespräch zwischen Versuchsleiter und Kind den Ausgang des Versuchs beeinflussen kann. Denn die Vierjährigen glaubten, dass sich die Menge der verschobenen Gläser tatsächlich verändert haben musste – warum hätte der Erwachsene sonst gezielt danach gefragt?

Kaum durchführbar erscheinen angesichts dieser Probleme Experimente mit Säuglingen. Kann man überhaupt herausfinden, was in dem Kopf eines Babys vor sich geht? Frischgebackene Eltern scheitern ja regelmäßig daran, das Geschrei ihres Nachwuchses richtig zu interpretieren. Wie sollen dann erst Forscher verstehen, was die Kleinen wahrnehmen und denken?

Im Jahr 1980 hatte der Psychologe Prentice Starkey eine Idee. Wenn Babys schon nicht sagen können, was sie sehen, verstehen oder denken, dann könnte man aber doch zumindest schauen, ob sie sich für eine Sache interessieren. Gewöhnliches ist langweilig – Überraschendes, Unerwartetes und Ungewöhnliches ist spannend, so das Kalkül des Forschers. Das müsste sich auch im Verhalten der Kinder zeigen.

Er holte insgesamt 72 verschiedene Säuglinge im Alter von 16 bis 30 Wochen in sein Labor an der University of Philadelphia. Auf einem Bildschirm bekamen die Kinder Punkte zu sehen. Anfangs waren es immer zwei Punkte, nur ihre Anordnung änderte sich. Starkey ließ bei jedem Kind stoppen, wie lange es auf den Monitor mit den zwei Punkten starrte – im Schnitt zwei Sekunden.

Dann passierte etwas Neues: Beim Wechsel von einem Bild zum nächsten änderte sich nicht nur die Anordnung der Punkte, es kam noch ein dritter hinzu. Und das weckte nachweisbar die Aufmerksamkeit der Babys. Sie schauten eine halbe Sekunde länger hin. Die Kinder hatten den Übergang von zwei zu drei bemerkt, folgerte Starkey, verfügten also bereits über ein elementares Zahlenverständnis, bevor sie überhaupt eins, zwei, drei sagen konnten.

Schreien und rechnen

Dieser ersten Überraschung folgten schon bald weitere. 1992 berichtete Karen Wynn im renommierten Wissenschaftsmagazin »Nature« über die verblüffenden Rechenkünste von Säuglingen, die man bis dahin kaum für möglich gehalten hatte. Die Psychologin hatte Kinder im Alter von fünf Monaten vor eine Art Kasperletheater gesetzt. Von der Seite näherten sich nacheinander zwei Puppen und versteckten sich hinter dem Vorhang. Kurze Zeit danach zog die Forscherin den Vorhang zur Seite und gab den Blick auf die Puppen frei.

Diesen Versuch wiederholten die Forscher immer wieder. Mal befanden sich hinter dem Vorhang, wie zu erwarten, zwei Puppen, doch manchmal auch nur eine. Die Wissenschaftlerin hatte bei einem Teil der Experimente nämlich einfach eine Puppe verschwinden lassen. Die Auswertung der Videos zeigte, dass die Babys im Fall von nur einer Puppe eine ganze Sekunde länger auf die Bühne starrten, als wenn dort zwei zu sehen waren.

Ganz offensichtlich wussten die Säuglinge bereits, dass eine Puppe plus noch eine Puppe zwei Puppen ergibt. Entdeckten sie hinter dem

> Mathematik verhält sich zur Natur wie Sherlock Holmes zum Beweisstück. Aus einem Zigarrenstummel konnte der berühmte Romandetektiv Alter, Beruf und finanzielle Lage des Besitzers ableiten.
> Ian Stewart (geb. 1945), britischer Mathematiker und Sachbuchautor

Vorhang nur eine Puppe, dann fesselte sie die unerwartete Situation und sie schauten länger hin. Weitere Experimente zeigten, dass Babys auch Subtraktions-Fehler erkennen. Wenn sich zum Beispiel von zwei Objekten, die hinter dem Vorhang liegen, eines gut sichtbar zur Seite wegbewegt, dann muss hinter dem Vorhang noch ein Objekt sein.

Nebenbei widerlegte Wynn auch ein Baby-Experiment von Piaget aus den Fünfzigerjahren. Der Schweizer Psychologe hatte dabei Objekte unter einer Decke verschwinden lassen und beobachtet, ob die Kinder danach greifen. Sie taten es nicht. Piaget schloss daraus, dass Babys jünger als zehn Monate Gegenstände in ihrer Umgebung noch nicht als eigenständige Objekte begreifen. Ein unter die Decke geschobener Würfel existiert demnach für sie nicht mehr.

Karen Wynns Untersuchung zeigt jedoch, dass Säuglinge offenbar wissen, dass Gegenstände noch da sind, auch wenn sie unter einer Decke oder hinter einer Abdeckung versteckt werden. Psychologen bezeichnen dies als Objektpermanenz. Piaget hatte schlicht nicht beachtet, dass Säuglinge einfach noch nicht ausreichend gut Hände und Arme koordinieren können, um nach der Decke zu greifen.

Dass Säuglinge die simple Addition von 1 + 1 beherrschten, hatte die Forschergemeinde verblüfft. Doch die Rechenkünste von Babys erwiesen sich als noch viel ausgeklügelter. Dies zeigte im Jahr 1995 der Psychologe Tony Simon in einer Studie mit fünf Monate alten Kindern. Er wiederholte Wynns Experimente mit den Puppen, die hinter einer Abdeckung verschwanden, bis diese gelüftet wurde.

Sein Team änderte aber noch ein kleines Detail: Statt der erwarteten zwei Puppen befanden sich manchmal auch zwei Bälle hinter dem Kasperletheater. Das wunderte die Babys jedoch kaum. Zwei Bälle sind schließlich zwei Dinge. Lag aber statt zwei Bällen nur noch einer hinter der Abdeckung, war das Erstaunen groß.

Simons Versuche bestätigten nicht nur, dass Babys elementare Arithmetik beherrschen. Sie offenbarten auch die erstaunliche Abstraktionsfähigkeit der Kinder. Zwei Bälle und zwei Puppen haben etwas gemeinsam: Es sind zwei Objekte.

Dank der modernen Hirnforschung weiß man inzwischen auch, dass Babys beim Aufspüren von Rechenfehlern die gleiche Gehirnregion nutzen wie Erwachsene. Die israelische Psychologin Andrea Berger hatte Wynns Experiment im Jahr 2006 ebenfalls wiederholt – dabei jedoch zusätzlich die Gehirnströme mit einem Elektroenzephalogramm (EEG) gemessen. Dabei werden den Kindern Hauben über den Kopf gezogen, die mit vielen kleinen Sensoren bestückt sind.

Berger registrierte bei den sechs bis neun Monate alten Probanden eine erhöhte Aktivität im Frontallappen. Und zwar in jenen Bereichen, die bei Erwachsenen mit Fehlererkennung, enttäuschten Erwartungen und der Lösung von Konflikten assoziiert werden.

Ein erstaunliches Ergebnis: Babys können noch nicht einmal sprechen, aber die Strukturen in ihrem Gehirn für elementare Arithmetik sind bereits vorhanden und aktiv.

Die Krux mit der Fünf

Dass wir Menschen auch im Erwachsenenalter mit kleinen Zahlen kaum Probleme haben, hatte schon 1871 der britische Ökonom William Stanley Jevons beobachtet. Bei seinem berühmten Bohnenexperiment ließ er Probanden kurz in eine Schachtel blicken und bat sie dann, die Zahl der darin liegenden Bohnen zu nennen. Bis zu vier Bohnen klappte das sehr gut, ab fünf gab es Probleme. Das intuitive Erfassen von Mengen, ohne die Elemente abzuzählen, gelingt uns Menschen offenbar nur bis zur Zahl Vier. Ein Phänomen, das Forscher auch bei diversen Tierarten beobachtet haben – mehr dazu im nächsten Kapitel.

Immerhin haben wir Menschen einen Weg gefunden, unsere Schwäche beim schnellen Abzählen von Mengen ab fünf zu kompensieren. Die Römer und auch die Maya in Mittelamerika erfanden extra ein neues Zeichen für die sperrige Fünf. Die Zahlen 1, 2, 3, 4 notierte man im alten Rom als I, II, III und IIII. Bei den Maya schrieb man •, ••, ••• und ••••.

Es war für die Römer kein Problem, auf Anhieb eine II von der III zu unterscheiden. Aber eine IIIII von einer IIII? Statt der schwer erfassbaren fünf Striche nutzten sie mit V ein neues Zeichen, die Maya schrieben:

1	2	3	4	5	6	7	8	9
•	••	•••	••••	___	•	••	•••	••••

Die Schwierigkeiten der Menschen im Umgang mit Mengen größer als vier haben also offenbar zur Entstehung der antiken Zahlensysteme beigetragen. Den Trick der Römer und Maya nutzen wir sogar noch heute, wenn wir Strichlisten führen: Wir schreiben vier senkrechte Striche nebeneinander, und der fünfte wird dann nicht daneben-, sondern quer über die Vier gesetzt. So erkennen wir auf einen Blick, dass es sich um fünf handelt.

Wie aber gehen wir mit größeren Mengen und Zahlen um? Kleine Kinder sagen eins, zwei, drei, viele. Erwachsene können es im Prinzip auch nicht viel besser, sie haben aber gelernt, ganz gut zu schätzen. Wenn wir zum Beispiel auf einem Bahnsteig stehen, dann können wir sicher sagen, dass da etwa 50, 60 Leute auf den Zug warten. Dass es genau 48 sind, wissen wir aber erst, wenn wir die Personen einzeln durchgezählt haben.

> Es gibt Dinge, die den meisten Menschen unglaublich erscheinen, die nicht Mathematik studiert haben.
> Archimedes, griechischer Mathematiker

Psychologen haben analysiert, wie gut Menschen größere Mengen abschätzen können und welche Faktoren zu größeren Abweichungen vom tatsächlichen Wert führen. Sind Punkte beispielsweise gleichmäßig verteilt, dann tendieren wir dazu, ihre Zahl zu überschätzen. Eine ungleichmäßige Anordnung führt umgekehrt dazu, dass wir die Gesamtmenge unterschätzen.

Interessant in diesem Zusammenhang ist übrigens auch, dass sich unsere Schätzgenauigkeit mit einem einfachen Trick verbessern lässt: Wir müssen nur hin und wieder die exakte Zahl der Punkte oder Personen erfahren, deren Gesamtzahl wir gerade geraten haben. Falls wir weit danebengelegen haben, wird uns das beim nächsten Mal nicht mehr so schnell passieren. Unser Schätzsystem muss eben gelegentlich neu geeicht werden – wie eine Waage.

Schätzen statt zählen

Zwei spannende Phänomene zeigen sich, wenn wir zwei Mengen miteinander vergleichen. Schauen Sie sich die Punkte links und rechts in der folgenden Abbildung an.

Auf welcher Seite sind mehr? Und wie fällt Ihr Vergleich bei dieser Abbildung aus?

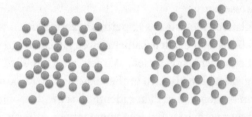

Bei der oberen Abbildung ist die Sache relativ leicht: Links sind offensichtlich mehr Punkte als rechts – es sind 15, und daneben nur 11. Schwieriger ist die Situation bei der zweiten Abbildung. Wahrscheinlich lautet Ihr Tipp, dass es auf beiden Seiten gleich viele Punkte sind. Das stimmt aber nicht. In diesem Fall sind es rechts vier Punkte mehr als links. Beim Verhältnis 50 zu 54 können wir diesen Unterschied aber kaum noch erfassen. Dies bezeichnen Psychologen als Größeneffekt. Je größer Zahlen sind, umso länger sind unsere Reaktionszeiten, wenn wir sie miteinander vergleichen sollen.

Um in der zweiten Abbildung einen Unterschied zwischen links und rechts zu erkennen, müssten die Punktzahlen weiter auseinanderliegen – zum Beispiel 50 und 65. Wissenschaftler sprechen vom Distanzeffekt. Je weiter zwei Werte auseinanderliegen, umso leichter fällt es uns, sie zu unterscheiden.

Der Distanzeffekt tritt verblüffenderweise auch bei gedruckten Zahlen auf. Das Experiment dazu haben 1967 die beiden Psychologen Robert Moyer und Thomas Landauer durchgeführt. Sie zeigten Erwachsenen zwei unterschiedlich große einstellige Zahlen, beispielsweise 3 und 5. Die Probanden sollten dann so schnell wie möglich entscheiden, welche der beiden Ziffern die größere ist, und den entsprechenden Knopf drücken. Immer wieder bekamen die Testpersonen neue Ziffernpaare zu sehen – und stets wurde ihre Reaktionszeit gemessen.

Was glauben Sie, wie das Experiment ausgegangen ist? War die Reaktionszeit bei allen Zahlenpaaren gleich? Das wäre zumindest zu erwarten gewesen. Wir wissen schließlich, dass 9 sowohl größer als 8 als auch größer als 2 ist. Die Reaktionszeit müsste in beiden Fällen daher identisch sein.

Doch was passierte? Bei weit voneinander entfernten Zahlen brauchten die Probanden etwa eine halbe Sekunde für ihre Entscheidung. Sie machten bei Paaren wie 9 und 2 auch kaum Fehler. Ganz anders bei benachbarten Zahlen wie 5 und 6. In diesen Fällen drückten die Testpersonen nicht nur erstaunlich oft den falschen Knopf, sie brauchten im Schnitt auch eine Zehntelsekunde länger als bei Paaren wie 9 und 2.

Verflixte Zahlenpaare

Der Franzose Stanislas Dehaene hat in einem Experiment versucht, diesen Distanzeffekt durch gezieltes Training auszuschalten. Sein Test ähnelte dem von Moyer und Landauer, war aber noch simpler, um ihn besser trainieren zu können. Ein Computermonitor zeigte eine der vier Ziffern 1, 4, 6 oder 9 an. Die Testpersonen, Studenten der University of Oregon, sollten dann per Knopfdruck entscheiden, ob die angezeigte Zahl größer oder kleiner als 5 war.

Dehaene empfand die Aufgabe als geradezu primitiv: »Man kann sich kaum eine einfachere Situation vorstellen: Wenn man eine 1 oder eine 4 sieht, drücke man links, und wenn man eine 6 oder 9 sieht, drücke man rechts.« Mehrere Tage übten die Probanden und kamen auf 1600 Versuchsdurchgänge.

Doch am Ende waren die Studenten bei den Ziffern 4 und 6, den Nachbarn der 5, stets langsamer als bei der 1 und bei der 9. Die Reaktionen wurden im Verlauf des Experiments zwar schneller, aber der Unterschied in den Reaktionszeiten bei 4 oder 6 im Vergleich zu 1 oder 9 änderte sich nicht.

Dehaene fragte sich, wie dieses Ergebnis zu deuten war. Seine Schlussfolgerung: Das Gehirn nutzt beim Vergleich zweier Zahlen offenbar keine abgespeicherte Tabelle, in der beispielsweise steht, dass 6 größer als 5 ist. Wäre dies der Fall, würden die Entscheidungszeiten nämlich nicht vom Abstand der Zahlen abhängen. Die einzig schlüssige Erklärung ist eine Art Zahlenstrahl im Kopf. Irgendwo in den Furchen und Windungen des Gehirns, mutmaßt Dehaene, müsse es eine Art Analogdarstellung der arabischen Ziffern geben.

> Wie bringt ein Mathematiker seinen Kindern gutes Benehmen bei? »Ich habe euch n-mal gesagt, ich habe euch n + 1-mal gesagt ...

Das Ganze kann man sich vorstellen wie ein schon etwas abgegriffenes Maßband einer Schneiderin. Um zu entscheiden, ob 9 größer ist als 1, reicht ein kurzer Blick darauf. Bei 5 und 6 muss man schon genauer hinschauen, welche Zahl weiter rechts auf dem Band steht – unter Umständen kann man das auch nicht mehr gut erkennen.

Einen überzeugenden Beleg für die Existenz des Zahlenstrahls lieferte ein weiteres Experiment. Diesmal wurden den Probanden zweistellige Zahlen zwischen 31 und 99 angezeigt, und sie mussten entscheiden, ob die Zahlen größer oder kleiner als 65 waren. Hier zeigte sich: Je näher man der 65 kommt, umso länger sind die Reaktionszeiten.

Die Vermutung, dass dabei womöglich die Zehnerstellen eine entscheidende Rolle spielen, bestätigte sich allerdings nicht. Tatsächlich fiel die Entscheidung bei 71 und 65 etwas schneller als bei 69 und 65. Die Reaktionszeit war aber noch kürzer, wenn es um das Zahlenpaar 79 und 65 ging. Ein klarer Beleg dafür, dass nicht etwa ein Sprung in der Zehnerstelle, sondern der tatsächliche Abstand zu 65 entscheidend ist für die Dauer der Entscheidung.

Unser Zahlenstrahl im Kopf hat noch eine weitere interessante Eigenschaft: Seine Skala ist nicht linear, wie man das vielleicht erwarten würde, sondern offensichtlich logarithmisch. Das heißt, der Abstand zwischen 1 und 10 ist genauso groß wie zwischen 10 und 100.

Weil unsere innere Skala bei größeren Werten regelrecht zusammengedrückt ist, nehmen wir Unterschiede zwischen

Zahlen nicht absolut wahr, sondern relativ. Der Abstand zwischen 1 und 2 ist daher gefühlt größer als jener zwischen 11 und 12, obwohl die Differenz in beiden Fällen jeweils 1 ist.

Dieses Prinzip hilft uns auch, große Mengen miteinander zu vergleichen. Wenn wir den Unterschied zwischen 10 und 13 Schafen erkennen, dann gelingt uns dies auch bei 20-mal so großen Herden mit 200 und 260 Schafen.

Der Logarithmus in uns

Der deutsche Physiologe Ernst Heinrich Weber (1795–1878) hat einen solchen Zusammenhang – das Weber'sche Gesetz – schon vor mehr als 170 Jahren entdeckt: Der Mensch nimmt die Welt logarithmisch wahr. Das gilt nicht nur für Punktmengen oder Schafe, sondern auch für unsere Sinne, etwa das Fühlen von Druck- oder Temperaturunterschieden.

Ein Beispiel: Nehmen wir an, Sie haben zwei unterschiedlich schwere Schokoladentafeln. Die eine wiegt 100 Gramm, die andere 103 Gramm. Sie können die 3 Gramm Unterschied wahrscheinlich tatsächlich spüren. Dann bekommen Sie zwei Gewichte von 1000 und 1003 Gramm. Hier merken Sie keine Differenz, die beiden Gewichte fühlen sich gleich schwer an. Jetzt tauschen Sie das 1003-Gramm-Stück gegen eines mit 1030 Gramm. Und siehe da: Jetzt merken Sie den Unterschied.

Unsere interne logarithmische Skala verrät sich auch bei einem einfachen Gedankenexperiment. Aus dem Zahlenraum zwischen 1 und 2000 hat ein Zufallsgenerator zweimal zehn Zahlen ausgewählt. Welche der beiden Reihen ist gleichmäßiger über das Intervall von 1 bis 2000 verteilt?

A   868 7 456 1089 667 1433 1988 232 1678 1266

B   4 155 345 599 19 1566 1067 66 733 1988

Halten Sie auch B für die bessere Reihe, weil Ihnen die Zahlen gleichmäßiger gestreut vorkommen? In Folge A scheint es viel zu viele große Zahlen zu geben. Der Eindruck ist jedoch falsch. In der Reihe A haben die Zahlen einen Abstand von etwa 200. Das sieht man sofort, wenn man die Zahlen der Größe nach sortiert: 7 232 456 667 868 1089 1266 1433 1678 1988

In der Reihe B häufen sich die Zahlen in den Intervallen 1–100 und 1–1000, oberhalb 1000 gibt es nur noch drei Zahlen. A ist also eindeutig die gleichmäßigere Verteilung.

Dehaene hat dafür eine einleuchtende Erklärung: Wir bevorzugen Folge B, weil sie besser zu unserem komprimierten, also logarithmischen, Zahlenstrahl passt. Kleinere Zahlen, die auf dem vorderen Stück des Strahls liegen, sind auffälliger als größere.

Einen besonders eindrucksvollen Beleg für den Logarithmus in uns lieferte ein Experiment mit Kindern und Erwachsenen aus den USA und dem Amazonas-Regenwald. Das indigene Volk der Munduruku kennt nur ein rudimentäres Zahlensystem, es gibt keine mathematische Bildung.

Die Forscher zeigten den Probanden auf einem Monitor Punktmengen zwischen 1 und 10. Mit einem Regler sollten die Testteilnehmer dann die Lage auf einer Skala einstellen, die links mit 1 und rechts mit 10 beschriftet war.

Was kam bei den nordamerikanischen Probanden heraus? Sie taten das Erwartete: Eine 5 liegt ziemlich genau in der Mitte, die 9 sehr nahe an der 10, die 2 ein Stück rechts von der 1. Zeichnet man die am Regler eingestellten Abstände in ein Diagramm ein, so erhält man eine gerade Linie.

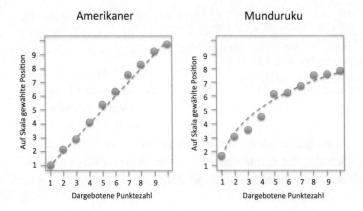

Und die Munduruku? Sie machten etwas Überraschendes. Bei den kleinen Zahlen schoben sie den Regler weiter nach rechts – und machten die 1 quasi zur 2, die 2 fast schon zur 4. Die Abstände bei kleinen Zahlen waren größer als bei einer linearen Skala. Bei größeren Zahlen wie 7, 8 und 9 war es umgekehrt. Sie waren regelrecht zusammengerückt.

In der Abbildung oben ergeben die Munduruku-Werte deshalb auch keine Gerade, sondern eine logarithmische Kurve. Solch eine Kurve hatten Wissenschaftler auch schon bei früheren Experimenten mit Kindern in den USA beobachtet. Allerdings nur, wenn diese sich im Kindergarten und in der Schule noch nicht mit Mathematik beschäftigt hatten. Die logarithmische Skala ist also offenbar angeboren, die lineare erlernt.

Alle, die nicht so recht wissen, was ein Logarithmus eigentlich ist, dürfte das besonders überraschen. Bevor sie in die Schule kamen, konnten sie intuitiv logarithmieren. Dann in der Schule wollte man ihnen das Logarithmieren beibringen, aber verstanden haben sie es nicht.

> Manche Menschen haben einen Gesichtskreis vom Radius null und nennen ihn ihren Standpunkt.
> David Hilbert (1862–1943), deutscher Mathematiker

Die vielen Beispiele aus diesem Kapitel zeigen: Wir Menschen besitzen ein erstaunliches Talent im Umgang mit Zahlen – als Baby, Kleinkind oder Erwachsener. Aber nur die wenigsten wissen etwas davon. Schade! Wir können unseren Zahlensinn nämlich sogar nutzen, um scheinbar komplizierte Dinge wie den Logarithmus besser zu verstehen.

Aufgabe 1 *
Die Summe zweier natürlicher Zahlen ist 119, ihre Differenz ist 21. Wie lauten die beiden Zahlen?

Aufgabe 2 *
Ein Teich wird von Seerosen bewachsen. Pro Tag verdoppelt sich die von ihnen bedeckte Fläche. Nach 60 Tagen ist der Teich vollständig zugewachsen. Wie viele Tage hat es gedauert, bis der Teich zur Hälfte bedeckt war?

Aufgabe 3 **
Neun Kugeln liegen auf dem Tisch. Eine davon ist etwas schwerer als die anderen. Sie haben eine klassische Waage mit zwei Waagschalen, die Sie aber nur zweimal benutzen dürfen. Wie finden Sie damit die schwerere Kugel?

Aufgabe 4 **
Wie lässt sich der Betrag von 31 Cent passend bezahlen, wenn nur Münzen zu 10 Cent, 5 Cent und 2 Cent zur Verfügung stehen? Finden Sie alle Möglichkeiten!

Aufgabe 5 * * *

Ein Forscher will einen sechstägigen Fußmarsch durch die Wüste machen. Er und seine Träger können jeweils nur so viel Wasser und Nahrung mitnehmen, dass es vier Tage für eine Person reicht. Wie viele Träger muss der Forscher mitnehmen?

Faszinierend: Mathe-Überflieger mit Fell und Federn

2

Affen tun es, Papageien, Bienen und Ratten sowieso: Sie können zählen und sogar rechnen. Eine Fähigkeit, die ihnen Vorteile bringt, etwa bei der Futtersuche. Die mathematischen Talente von Tieren wurden vielfach studiert – mit faszinierenden Ergebnissen.

Es ist immer gut zu wissen, wie viele Feinde draußen auf einen warten. Das galt nicht nur für Urmenschen, die in einer Höhle saßen und nicht so recht wussten, ob sie es mit den Angehörigen eines anderen Stammes aufnehmen konnten, die im Gebüsch auf sie lauerten.

Auch Tiere sind darauf angewiesen, die Zahl ihrer Konkurrenten möglichst genau zu kennen. Wer die Zahl seiner Feinde unterschätzt, bezahlt dies mitunter mit seinem Leben. Ein kleiner Fehler beim Abzählen kann also fatale Folgen haben. Wie aber erfassen Tiere die Zahl von Artgenossen?

Zoologen der University of Cambridge haben 1994 dazu eine interessante Studie mit Löwen im Serengeti Park in Tansania durchgeführt. Karen McComb und ihre Kollegen wollten wissen, wie gut weibliche Löwen zählen können. Die Weibchen leben in Rudeln aus bis zu 20 Tieren. Die Rudel gehen sich in der Regel aus dem Weg, jedes hat sein eigenes Revier. Trotzdem kommt es immer wieder zu Begegnungen – und dabei auch zu teils heftigen Kämpfen. Meist gewinnt das größere Rudel.

In der Kommunikation der Löwen spielt das Brüllen eine wichtige Rolle. Löwen brüllen allein – aber auch in der

Gruppe. Dabei setzt das Gebrüll der einzelnen Tiere nacheinander ein – ähnlich wie beim Gesang eines Chores. McComb und ihre Kollegen hatten sowohl das Gebrüll einzelner Löwen als auch das von Gruppen aus drei Löwen aufgezeichnet. Diese Aufnahmen spielten die Forscher dann Rudeln in 200 Metern Abstand über Lautsprecher vor. Stets bekamen die Weibchen dabei das Gebrüll von Löwen zu hören, die sie nicht kannten.

> Die ganzen Zahlen hat der liebe Gott geschaffen, alles andere ist Menschenwerk.
> Leopold Kronecker (1823–1891), deutscher Mathematiker

Der Lautsprechertrick funktionierte: Die Raubkatzen hörten sehr genau hin und entschieden dann abhängig von der Größe des eigenen Rudels, ob sie sich den vermeintlichen Eindringlingen näherten oder nicht. Brüllte nur ein Löwe aus dem Lautsprecher, dann ging ein Rudel in sieben von zehn Fällen zur Attacke über, sofern es aus drei oder mehr Weibchen bestand. Die Angriffswahrscheinlichkeit lag somit bei 70 Prozent.

Setzte sich das Gebrüll aber aus drei Einzelstimmen zusammen, waren die Löwen deutlich vorsichtiger. Erst ab fünf Tieren im eigenen Rudel wagten sie in sieben von zehn Fällen den Angriff. Das Lautsprecherexperiment in der Serengeti bewies: Löwen erkennen am Gebrüll, mit wie vielen Feinden sie es zu tun haben. Und ob sie einen Angriff gegen die Eindringlinge wagen, hängt von der Größe ihres Rudels ab. Sie vergleichen also die Zahl der Kämpfer auf beiden Seiten – und nur wenn sie in der Übermacht sind, riskieren sie einen Angriff.

Mengenlehre im Tierreich

Dass Tiere sehr gut Mengen erfassen und vergleichen können, haben Forscher auch in verschiedenen anderen Experimenten beobachtet. Besonders bekannt sind die Hebelversuche mit Ratten. Die Tiere wurden in einen Kasten mit zwei Hebeln gesetzt. Nur wenn sie den ersten Hebel mehrmals gedrückt hatten und danach den zweiten Hebel, bekamen sie eine Belohnung.

Die Ratten wussten zu Beginn des Experiments nichts von dem Mechanismus. Sie probierten einfach aus, was passierte, wenn sie die Hebel drückten. Mit der Zeit begriffen sie, wie oft sie den ersten Hebel drücken mussten – je nach Experiment vier-, acht- oder sogar zwölfmal –, und machten dabei kaum noch Fehler.

In ähnlichen Versuchen haben auch andere Wirbeltiere wie Affen, Delfine und Tauben ihre Zählkünste demonstriert. Und sogar Bienen beherrschen die elementare Mengenlehre. Würzburger Forscher ließen die Insekten auf zwei nebeneinanderstehende Tafeln fliegen. Auf der einen Tafel waren zwei Objekte abgebildet, auf der anderen nur eins. Hinter der Tafel mit zwei Objekten verbarg sich eine Belohnung – ein Schälchen Zuckerwasser. Die Bienen lernten schnell, wo das Futter war, und flogen fortan stets die richtige Tafel an.

Dann begann der interessante Teil des Experiments. Die Forscher veränderten die Anordnung der Tafeln sowie Anzahl, Farbe und Form der darauf abgebildeten Objekte. Wie reagierten die Bienen? Sie machten alles richtig. Wo auch immer die Tafel mit den zwei Objekten stand und ob es sich bei den abgebildeten Gegenständen nun um rote Äpfel oder gelbe Punkte handelte – stets fanden die Bienen den Weg zum Futter.

Die Wissenschaftler variierten ihren Versuch noch weiter. Sie trainierten die Bienen mal auf Tafelpaare mit zwei und drei Objekten, dann auf drei und vier Objekte. Stets fanden die Bienen schnell heraus, wohin sie fliegen mussten. Erst als vier von fünf Objekten zu unterscheiden waren, scheiterten die Tiere. »Damit haben wir erstmals nachgewiesen, dass auch wirbellose Tiere zahlenkompetent sind«, sagt Jürgen Tautz von der Würzburger Beegroup.

Das Bienenexperiment belegte eindrucksvoll, wie gut Tiere abstrahieren können. Zwei Äpfel und zwei Punkte sind für sie das Gleiche – nämlich zwei Objekte. Genauso abstrakt denken auch Babys, wie wir in Kapitel 1 gesehen haben. Sie wundern sich nicht darüber, dass aus einer Puppe und noch einer Puppe einfach so zwei Bälle werden. Zwei Objekte bleiben zwei Objekte, für Säuglinge wie für Bienen.

Clevere Schimpansen

Die Abstraktionsfähigkeit von Tieren reicht jedoch noch weiter. Sie können nicht nur Objekte zählen und ihre Anzahlen vergleichen, sondern auch Reize wie Lichtblitze und Töne. Das Experiment dazu stammt von Russel Church und Warren Meck. Die Forscher hatten Ratten darauf konditioniert, den linken von zwei Hebeln zu drücken, wenn sie zwei Töne hörten, und bei vier Tönen den rechten Hebel. Anschließend lernten die Nager, dass sie auch bei zwei beziehungsweise vier Lichtblitzen die dazugehörigen Tasten betätigen mussten.

Die Frage, die sich die Forscher stellten, war folgende: Hatten die Ratten die Regeln für Töne und Blitze getrennt voneinander abgespeichert? Oder hatten sie die Anzahl der Reize abstrahiert und daraus eine allgemeine Regel abgeleitet?

Um das herauszufinden, konfrontierten die Wissenschaftler die Tiere mit einer neuen Situation: Zwei Blitze folgten auf zwei Töne. Die Nager meisterten die Aufgabe bravourös. Sie drückten ohne zu zögern den rechten Hebel, als handle es sich um vier Töne oder um vier Blitze. Ratten können also nicht nur Objekte abstrahieren, sondern auch Töne und Lichtblitze.

Als größte mathematische Talente im Tierreich aber gelten unsere nächsten Verwandten – die Schimpansen. 1981 sorgte eine »Nature«-Publikation von Guy Woodruff und David Premack für Furore. Die beiden Forscher berichteten darüber, dass Schimpansen nicht nur Mengen erfassen, sondern sogar mit Brüchen rechnen können.

In den Experimenten belohnten sie einen erwachsenen Menschenaffen, wenn er unter zwei Gegenständen jenen auswählte, der einem zuvor gezeigten dritten Gegenstand entsprach. Das klingt einfacher, als es war. Den Tieren wurde beispielsweise ein Glas mit einer bunten Flüssigkeit vorgesetzt, das halb gefüllt war. Danach musste das Tier zwischen einem halben Apfel und einem Dreiviertelapfel wählen. Und siehe da – die Abstraktionskünste des Schimpansen reichten aus, um zu erkennen, dass ein halb gefülltes Glas und ein halber Apfel zusammengehören.

Schließlich fragten sich Woodruff und Premack, ob Schimpansen womöglich sogar Brüche addieren können. Dazu variierten sie ihr Experiment leicht. Statt eines halb vollen Glases als Ausgangsreiz zeigten sie dem Tier einen viertel Apfel und ein halb volles Milchglas. Anschließend sollte der Schimpanse zwischen einem ganzen Kreis und einem Dreiviertelkreis auswählen. Und tatsächlich kombinierte der Affe im Kopf ¼ und ½ zu ¾ – und entschied sich bei dem mehrfach durchgeführten Versuch oft für den Dreiviertelkreis. Primaten beherrschen also auch elementare Bruchrechnung – wer hätte das gedacht!

Experimente mit Schimpansen legen übrigens auch nahe, dass Menschenaffen Zahlen im Prinzip genauso verarbeiten wie wir Menschen. Das Forscherehepaar Sue und Duane Rumbaugh hatte in seinen Versuchen 1987 ganz auf die Verlockungen von Schokolade gesetzt. Es präsentierte den Primaten zwei Schubfächer, in denen jeweils mehrere Schokoladenstücke lagen. Die Tiere, so das Kalkül der Forscher, würden spontan in das Schubfach mit den meisten Schokostücken greifen. Sobald sie sich für ein Fach entschieden hatten, wurde das andere Fach schnell zurückgezogen – die Schokolade darin war für die Affen dann nicht mehr greifbar.

Weil die Forscher in ihren Experimenten zugleich herausfinden wollten, wie gut die Primaten addieren können, platzierten sie die Schokoladenstücke in je zwei Häufchen in den Schubfächern. Beispielsweise lagen in dem einen Fach vier Stücke zusammen und eins allein, in dem anderen zweimal drei. Tatsächlich entschieden sich die Tiere meist für das Fach mit der größten Anzahl an Schokostücken – eine beeindruckende Leistung.

Doch die Primaten machten auch Fehler – Fehler, wie sie auch uns Menschen passieren. Lagen die beiden zu vergleichenden Zahlen weit auseinander, etwa 2 und 6, geschah das praktisch nie. Ein so großer Unterschied ist offenbar auch für Schimpansen zu offensichtlich. Die Fehlerrate nahm jedoch zu, wenn sich der Abstand der beiden Zahlen verringerte. Diesen sogenannten Distanzeffekt kennen Sie schon aus dem vorherigen Kapitel.

Und auch den Größeneffekt beobachteten die Forscher. Bei der Unterscheidung von Zahlenpaaren, die nur um eins auseinanderlagen, sank die Trefferquote mit steigender Schokoladenstückzahl, wie die folgende Tabelle zeigt.

Korrekte Auswahl der Schimpansen

Zahlenpaar	Schimpanse Austin	Schimpanse Sherman
4:5	95 %	93 %
5:6	90 %	90 %
6:7	89 %	87 %
7:8	79 %	79 %

Mit ihren Rechenkünsten liegen die beiden Schimpansen Austin und Sherman übrigens weit vor denen von Kleinkindern. Allerdings muss hierbei auch berücksichtigt werden, dass die beiden Primaten keine normalen Schimpansen sind. Sie wurden jahrelang trainiert – unter anderem um ihnen eine Symbolsprache beizubringen. So lernten sie zum Beispiel, dass für jeden Leckerbissen ein eigenes Symbol steht, und konnten über eine Tastatur ihren Futterwunsch äußern.

Affen am Touchscreen

Entsprechendes Training vorausgesetzt, können Schimpansen sogar erwachsene Menschen im Umgang mit Zahlen schlagen. Eindrucksvolle Belege dafür haben japanische Forscher am Primate Research Institute der Kyoto University geliefert. Dort wurde unter anderem das Weibchen Ai trainiert. Das in Afrika geborene Schimpansenweibchen kam 1977 im Alter von einem Jahr nach Japan.

In jahrelanger Arbeit brachten Tetsuro Matsuzawa und seine Kollegen Ai das Lesen von Zahlen und Schriftzeichen bei. Dabei nutzten die Wissenschaftler Computertastaturen und Touchscreens, die heute auf modernen Smartphones und Tabletcomputern wie dem iPad Standard sind. Im Alter von fünf Jahren konnte Ai bereits ihr gezeigte Objekte beschreiben, indem sie die dazugehörigen Symbole für Farbe, Anzahl und Art der Gegenstände drückte.

> Suche das Einfache und misstraue ihm.
> Alfred North Whitehead (1861–1947),
> britischer Mathematiker und Philosoph

Matsuzawa brachte dem Schimpansenweibchen das Lesen der arabischen Ziffern von 0 bis 9 bei. In einem Video demonstriert Ai, dass sie binnen Sekundenbruchteilen die Anzahl von Punkten erkennt, die ein Bildschirm anzeigt, und die richtige Zahl am Touchscreen antippen kann. Das Ganze geht so schnell, dass man als Zuschauer kaum prüfen kann, ob Ai tatsächlich richtig liegt. Um die Aufgabe weiter zu erschweren, werden die anzutippenden Zahlen von 0 bis 9 auch immer wieder anders auf dem Monitor angeordnet. Am besten, Sie schauen sich das Video selbst an, die Webadresse des Primate Research Institute finden Sie am Ende des Buches.

Den insgesamt 15 Schimpansen brachten die Forscher aus Kyoto auch das Sortieren von Zahlen nach ihrer Größe bei. Wenn ein Touchscreen die Zahlen von 0 bis 9 in einer zufälligen Anordnung anzeigte, dann tippten die Affen diese beginnend mit 0, 1, 2 und so weiter an, als würden sie von 0 bis 9 zählen. Auch dies geschah in einem atemberaubenden Tempo.

In einem weiteren Experiment haben junge Primaten zudem bewiesen, dass sie über eine Art fotografisches Gedächtnis verfügen. In dem Experiment wurden mehrere Ziffern von 1 bis 9 in einer zufälligen Anordnung auf dem Monitor gezeigt – allerdings nur für kurze Zeit. Danach wurden die Zahlen auf dem Monitor mit weißen Quadraten überblendet. Die Aufgabe der Schimpansen war dann, die Kästchen in der richtigen Reihenfolge anzutippen, beginnend bei 1, 2, 3 und so weiter.

Dieses Zahlenmemory mit immerhin neun verschiedenen weißen Quadraten lösten die Schimpansen rasant schnell. Die Forscher setzten zum Vergleich auch Studenten vor die Touchscreens, um ihre Fähigkeiten mit denen der Schimpansen vergleichen zu können.

Was die Fehlerquote betrifft, gab es kaum Unterschiede zwischen Menschen und Menschenaffen. Doch im Schnellmerken deklassierten vor allem die jungen Schimpansen die Studenten regelrecht. Um die Grenzen des Kurzzeitgedächtnisses zu erfassen, sahen Primaten wie Menschen die Ziffern nur für wenige Zehntelsekunden, bis sie von den weißen Quadraten überdeckt wurden.

Wenn fünf Zahlen für 0,7 Sekunden zu sehen waren, schafften Studenten und Affen eine Trefferquote von 80 Prozent. Leuchteten die Ziffern nur für 0,2 Sekunden auf, dann erreichte Ayumu, der im Jahr 2000 geborene Sohn von Ai, immer noch eine Trefferquote von 80 Prozent. Die Studenten kamen bei dieser kurzen Anzeigezeit nur noch auf 40 Prozent. Schauen Sie sich auch hier am besten einmal das Video mit Ayumu an – seine schnelle Erfassung der Zahlen ist fast schon beängstigend.

»Viele Leute, darunter auch Biologen, glauben, dass Menschen Schimpansen bei den kognitiven Fähigkeiten in allen Belangen überlegen sind«, sagt Tetsuro Matsuzawa. Niemand habe sich vorstellen können, dass fünfjährige Schimpansen eine Merkaufgabe mit Zahlen besser lösen könnten als Menschen.

Der schlauste Vogel der Welt

Nach all diesen beeindruckenden Experimenten mit Schimpansen könnte man leicht glauben, dass sie die größten Mathetalente im Tierreich sind. Das sind sie wahrscheinlich tatsächlich. Aber ich möchte an dieser Stelle noch die Geschichte zweier ganz besonderer Tiere erzählen, die ebenfalls mit außergewöhnlichen Leistungen aufgefallen sind.

An erster Stelle steht der Graupapagei Alex. Die Amerikanerin Irene Pepperberg brachte dem 1976 geborenen Alex bei, fast schon wie ein Mensch zu sprechen. Wenn Pepperberg Alex füttern wollte, fragte sie ihn: »Willst du das?« Wenn das Futter nicht nach dem Geschmack des Papageien war, antwortete er zum Beispiel: »Ich will Möhre.« War Alex durstig, dann erklärte er: »Ich möchte etwas Wasser.«

Der Papagei lernte auch, wie verschiedene Materialien heißen, und konnte diese erkennen. So konnte seine Trainerin ihm ein Stück Holz oder ein Wollknäuel zeigen und fragen, um welches Material es sich handelt. Pepperberg nutzte für die Kommunikation mit Alex eine vereinfachte Sprache: »What material?« lautete die Frage – auf Deutsch »Welches Material?«. »Wool« oder »Paper«, antwortete der Papagei. Auch hier empfehle ich Ihnen, unbedingt einige der Videos anzuschauen, die Sie leicht auf YouTube finden (Suchbegriffe: Parrot Alex).

Dass Papageien ausgezeichnet Stimmen und Töne imitieren können, ist bekannt. Doch Alex wiederholte nicht einfach, was er von seiner Trainerin aufgeschnappt hatte. »Er versteht wirklich, was die Fragen bedeuten«, sagt Pepperberg. Und er beeindruckte auch durch seine mathematischen Fähigkeiten.

Pepperberg hielt dem Papageien beispielsweise zwei Schlüssel hin und fragte »Wie viele?«. Die Antwort von Alex folgte prompt: »zwei«. Seine Zählkünste reichen noch weiter. Die Trainerin zeigte ihm ein Tablett, auf dem zwei grüne und fünf blaue Würfel lagen sowie diverse Spielzeugautos in Grün und Blau. Dann fragte sie: »Wie viele grüne Blöcke?« Und obwohl Alex die Gegenstände in dieser Kombination zum ersten Mal zu sehen bekam, gab er die richtige Antwort »zwei«.

2006 veröffentlichte Pepperberg eine Studie über die Rechenkünste von Alex. In den Experimenten wurden Alex zwei Plastikbecher gezeigt, unter denen sich Nüsse oder Bonbons verbargen. Erst hob der Experimentator einen Becher nach oben, sodass Alex sehen konnte, wie viele Nüsse darunterlagen. Danach wurde der zweite Becher angehoben. Alex hatte je Becher 10 bis 15 Sekunden Zeit, um die Menge der Objekte darunter zu erfassen.

Dann suchte der Experimentator Augenkontakt zum Papageien und fragte »Wie viele Nüsse insgesamt?«. Während der Frage waren die Nüsse für den Papageien nicht mehr zu sehen – sie waren von den Plastikbechern verdeckt. Wenn Alex die Frage nicht beantwortet hatte, wurde sie fünf Sekunden später noch einmal wiederholt. Um eine Beeinflussung des Papageien auszuschließen, wurden die Versuche von sechs verschiedenen Menschen durchgeführt.

Die Gesamtzahl der Nüsse, die Alex ausrechnen sollte, reichte von 1 bis 6. In den insgesamt 48 Einzelversuchen machte der Papagei sieben Fehler. Die meisten, nämlich vier, unterliefen ihm bei der gesuchten Summe von 5. Hier patzte Alex je zweimal bei

> Die Mathematik muss man schon deswegen studieren, weil sie die Gedanken ordnet.
> Michail Wassiljewitsch Lomonossow (1711–1765), russischer Universalgelehrter

den Additionen 3 + 2 und 5 + 0. Wie genau der Papagei rechnete, und warum er ausgerechnet bei der Summe 5 so oft danebenlag und nicht bei der Summe 6 – darüber konnte auch seine Trainerin Pepperberg nur rätseln. Kaum zu bestreiten ist jedoch: Alex kann einfache Additionen ausführen.

Ein Vierbeiner, der Funktionen ableitet?

Das letzte Tier mit verblüffenden Fähigkeiten, das ich in diesem Kapitel vorstellen möchte, heißt Elvis. Er ist ein Zwerghund der Rasse Welsh Corgi. Dass Elvis überhaupt Gegenstand wissenschaftlicher Publikationen wurde, verdankt er seinem Herrchen Tim Pennings. Pennings ist Mathematiklehrer am Hope College in der US-amerikanischen Kleinstadt Holland am Lake Michigan.

Regelmäßig macht Pennings mit Elvis ausgiebige Spaziergänge am Ufer des riesigen Sees – und stets ist das Lieblingsspielzeug des Hundes dabei – ein Tennisball. Pennings läuft am Strand meist direkt an der Wasserlinie entlang und wirft den Ball dann schräg ins Wasser – siehe Skizze auf Seite 48. Dabei ist dem Mathelehrer aufgefallen, dass Elvis nie auf direktem Weg zu seinem Lieblingsspielzeug paddelt, sondern erst einige Meter über den trockenen Sand spurtet, bevor er dann relativ scharf Richtung Wasser abbiegt und die letzten Meter schwimmt.

Als Mathematiker begann Pennings zu grübeln, warum Elvis diesen ja keinesfalls direkten Weg nimmt. Und schnell war klar: Der Hund läuft extralang am Strand, weil er viel schneller laufen als schwimmen kann und so womöglich den Ball in kürzerer Zeit erreicht, als wenn er auf direktem Wege schwimmen würde.

Elvis am Lake Michigan

Pennings analysierte das Problem und stellte fest: Um den schnellsten Weg zu finden, muss man eigentlich Differenzialrechnung beherrschen, denn der zeitlich kürzeste Weg ist das Minimum einer Funktion, von dem keiner auf Anhieb sagen kann, wo es liegt.

Um es kurz zu machen: Tatsächlich wählte Elvis in 35 eigens von Pennings durchgeführten Versuchen fast immer einen Weg, der dem Optimum sehr nahe kam. Aber kann Elvis deshalb tatsächlich differenzieren, also ausrechnen, wie steil die Kurve einer Funktion steigt oder fällt?

Das ist kaum vorstellbar. Wahrscheinlich hat Elvis einfach nur ein gutes Gefühl dafür, wie er am schnellsten zum geliebten Tennisball kommt. Er ist ja schon oft über den Strand getollt und durchs Wasser gepaddelt und hat dabei seine Erfahrungen gesammelt. Womöglich handelt es sich auch um eine Art mathematischen Instinkt, ein Erbe der Evolution,

Infokasten 1
Beherrscht Elvis Differenzialrechnung?

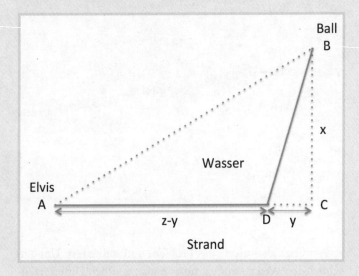

Elvis steht an Punkt A, der Tennisball schwimmt im Wasser an Punkt B. Um die Zeit auszurechnen, die Elvis bis zum Ball braucht, müssen wir seinen Weg sowie seine Lauf- und Schwimmgeschwindigkeit kennen. Er rennt vom Startpunkt A über den Strand bis zum Punkt D. Diese Strecke hat die Länge z−y. Dann schwimmt er von D zu B. Nach dem Satz des Pythagoras ist diese Strecke die Wurzel aus ($x^2 + y^2$). Die Laufgeschwindigkeit bezeichnen wir mit g, die Schwimmgeschwindigkeit mit s. Weil Zeit = Weg/Geschwindigkeit ist, erhalten wir für die Gesamtzeit folgende Formel:

$$T(y) = \frac{(z-y)}{g} + \frac{\sqrt{(x^2 + y^2)}}{s}$$

Wir suchen das Minimum dieser Funktion und berechnen deshalb ihre erste Ableitung:

$$T'(y) = \frac{-1}{g} + \frac{y}{s \times \sqrt{(x^2 + y^2)}}$$

Das Minimum der Funktion muss bei T'(y) = 0 liegen. Als Lösung erhalten wir dann:

$$y = \frac{x}{\sqrt{(\frac{g^2}{s^2} - 1)}}$$

Tim Pennings hat bei seiner Untersuchung ermittelt, dass Elvis mit 6,4 Metern pro Sekunde rennt und mit 0,9 Metern pro Sekunde schwimmt. Daraus ergibt sich die Beziehung y = 0,14x. Das bedeutet, das der Hund sehr lange über den Strand läuft, bevor er fast senkrecht abbiegt, um den Rest der Strecke zu schwimmen.

das Tieren dabei hilft, sich möglichst schnell durchs Gelände zu bewegen.

Was auch immer Elvis auf den schnellsten Weg zum Ball führt – Tiere besitzen einen elementaren Sinn für Mathematik. Und diesem Erbe der Evolution verdanken wir Menschen wohl auch unseren eigenen Zahlensinn. Was Tiere können, zum Beispiel Objekte abstrahieren, beherrschen auch Babys. Bei bestimmten Aufgaben sind wir Menschen sogar Schimpansen unterlegen! Besonders faszinierend finde ich, dass Tiere mit kleinen Zahlen von 1 bis 4 ähnlich routiniert umgehen wie wir Menschen. Die Schwierigkeiten beginnen, wenn die Zahlen größer werden. Genau darum geht es im folgenden Kapitel.

Aufgabe 6 *
Ein Behälter fasst drei Tassen Wasser, ein anderer fünf Tassen. Wie kann man damit vier Tassen Wasser abmessen?

Aufgabe 7 *
Sie wissen, dass von den drei Kindern eins lügt. Welches?
Max sagt: Ben lügt.
Ben sagt: Tom lügt.
Tom sagt: Ich lüge nicht.

Aufgabe 8 **
In einer Kiste befinden sich 30 rote, 30 blaue und 30 grüne Kugeln, die gleich schwer sind und sich gleich anfühlen. Sie brauchen zwölf gleichfarbige Kugeln. Während des Ziehens müssen Ihre Augen geschlossen bleiben, erst wenn Sie damit fertig sind, dürfen Sie die Augen wieder öffnen. Wie viele Kugeln müssen Sie aus der Kiste nehmen, damit Sie auf jeden Fall zwölf von einer Farbe haben?

Aufgabe 9 **
Es gilt: $4^2-3^2=4+3=7$. Dieser Trick funktioniert auch für die Zahlen 11 und 10, also $11^2-10^2=11+10$. Gibt es noch mehr davon?

Aufgabe 10 * * *

Nina und Lilly spielen das folgende Würfelspiel: Jeder Spieler erhält zwei übliche Spielwürfel. Gewürfelt wird abwechselnd, wobei jeder Spieler bei jedem Wurf entscheiden darf, ob er beide Würfel oder nur einen wirft. Die gewürfelten Punktzahlen werden addiert. Wem es zuerst gelingt, genau die Summe 30 zu erreichen, der hat gewonnen, wer über 30 kommt, muss wieder bei null anfangen. Nina hat zunächst immer mit beiden Würfeln gewürfelt und liegt nun bei 25 Punkten. Soll sie beim nächsten Wurf wieder beide Würfel oder nur einen verwenden, um bei diesem Wurf auf 30 zu kommen?

Logik hilft: Mit Zwanzigeins leichter durchs Einmaleins

Für schnelles Rechnen ist unser Gehirn kaum geeignet. Es gibt jedoch einige Tricks, die den Umgang mit Zahlen erleichtern: clevere Abkürzungen – aber auch ein Zahlensystem, das die deutsche Sprache leider nicht nutzt.

Was wären wir ohne unsere Sprache! Es gäbe keine Literatur, keine Geschichtsschreibung – wir müssten uns mit Händen und Füßen verständigen. Genau deshalb halten viele Wissenschaftler die Sprache für die wichtigste Erfindung unserer Vorfahren. Dank ihr können wir Dinge benennen, uns mit anderen Menschen austauschen, ja sogar über Abstraktes und Fiktives sprechen.

Eine spannende Frage beschäftigt Psychologen und Hirnforscher immer wieder: Wie eng sind Sprache und Gedanken miteinander verknüpft? Denken wir in Worten, in Bildern oder in ganz anderen Kategorien? Und was passiert, wenn wir rechnen oder ein geometrisches Rätsel lösen? Kommen mathematische Ideen ganz ohne Worte aus?

Für Albert Einstein war die Sache ziemlich klar: »Wörter und Sprache, egal ob geschrieben oder gesprochen, scheinen in meinen Denkprozessen keine Rolle zu spielen«, sagte der Begründer der Relativitätstheorie. »Die psychologischen Objekte, die als Bausteine meiner Gedanken dienen, sind bestimmte, mehr oder weniger klare Zeichen und Bilder, die ich reproduzieren und rekombinieren kann.«

Viele Mathematiker schildern ganz ähnliche Erfahrungen wie Einstein. Wenn sie über Beweisen grübeln, denken sie kaum in Wörtern. Sobald es jedoch um Zahlen geht und das Einmaleins – also die Dinge, mit denen Kinder in der Grundschule konfrontiert werden –, spielt die Sprache plötzlich eine zentrale Rolle. Und ausgerechnet sie ist es auch, die uns beim Zählen und Rechnen mitunter im Wege steht – auch als Erwachsener.

Die enge Verknüpfung von Zahlen und Sprache merken wir an uns selbst beim Kopfrechnen, wenn wir die Zahlen vor uns hinmurmeln. Psychologen haben dies unter anderem bei Untersuchungen unseres Kurzzeitgedächtnisses entdeckt. Stanislas Dehaene beschreibt in seinem Buch »Der Zahlensinn« dazu ein einfaches Experiment. Lesen Sie die folgenden Zahlen möglichst schnell laut vor:

9, 5, 3, 1, 4, 7, 2

Schließen Sie nun die Augen und versuchen Sie, sich die Zahlenfolge 20 Sekunden lang zu merken. Wenn Ihre Muttersprache Deutsch ist, dann schaffen Sie das mit einer Wahrscheinlichkeit von 50 Prozent. Chinesen hingegen gelingt das Aufsagen der Zahlenfolge fast immer, denn sie können sich im Schnitt neun Zahlen merken und nicht nur sieben wie die Deutschen.

Warum ist das so? Es liegt nicht etwa an anders organisierten Gehirnen oder mehr Drill in Chinas Schulen, sondern an der Art und Weise, wie unser Kurzzeitgedächtnis funktioniert. Wir merken uns die Zahlenfolge, indem wir sie immer wieder aufs Neue vor uns hersagen. Der Kurzzeitspeicher im Kopf arbeitet akustisch und reicht nur für etwa zwei Sekunden. Das heißt, wir merken uns so viele Zahlen, wie wir in zwei Sekunden aufsagen können.

Vorteil für Schnellsprecher

Die Chinesen haben dabei gegenüber uns Deutschen einen klaren Vorteil. Ihre Zahlwörter sind deutlich kürzer als unsere – siehe Tabelle auf der nächsten Seite – und so passen einfach mehr Zahlen in den zwei Sekunden umfassenden Speicher, den Psychologen auch als phonologische Schleife bezeichnen.

Diese Schleife ist übrigens auch der Grund dafür, dass Schnellsprecher sich längere Zahlenkombinationen besser merken können. Sie bringen in den zwei Sekunden Kurzzeitgedächtnis einfach mehr Zahlen unter.

Die Zahlwörter bereiten deutschen, aber auch französischen und englischen Kindern nicht nur wegen ihrer Länge Probleme. Die im Laufe von Jahrhunderten entstandenen Begriffe wie einundzwanzig oder quatre-vingt-douze (französisch für 92) sind so umständlich, dass sie den Zugang zu Zahlen erschweren.

Der amerikanische Forscher Kevin Miller hat dies 1995 gemeinsam mit chinesischen Kollegen in einer eindrucksvollen Studie gezeigt. Die Wissenschaftler baten Kinder aus den USA und aus China, laut zu zählen, und zwar so weit sie konnten. Bei Dreijährigen stellten die Forscher kaum Unterschiede fest, die Kleinen kamen meist bis zur Acht oder zur Neun. Danach ging jedoch die Schere auf: Vierjährige aus den USA kamen mit Mühe und Not bis 15, gleichaltrige Chinesen hingegen bis 40 oder 50.

Diesen eklatanten Unterschied erklären die Forscher mit den streng logischen Regeln für Zahlwörter im Chinesischen. Amerikaner sagen eleven und twelve, nutzen also für elf und zwölf wie wir Deutschen auch jeweils eigene Wörter, wel-

Vorteil China – Zahlensysteme im Vergleich

Zahl	Chinesisch	Bedeutung	Deutsch	Englisch
1	yi		eins	one
2	er		zwei	two
3	san		drei	three
4	si		vier	four
5	wu		fünf	five
6	liu		sechs	six
7	qi		sieben	seven
8	ba		acht	eight
9	jiu		neun	nine
10	shi		zehn	ten
11	shi yi	zehn-eins	elf	eleven
12	shi er	zehn-zwei	zwölf	twelve
13	shi san	zehn-drei	dreizehn	thirteen
20	er shi	zwei-zehn	zwanzig	twenty
21	er shi yi	zwei-zehn-eins	einundzwanzig	twenty-one
22	er shi er	zwei-zehn-zwei	zweiundzwanzig	twenty-two
30	san shi	drei zehn	dreißig	thirty

che die Kinder wie Vokabeln lernen müssen. Chinesen setzen die Elf und die Zwölf hingegen aus den Zahlwörtern für zehn und eins beziehungsweise zwei zusammen. Elf heißt shi yi (zehn-eins), zwölf shi er (zehn-zwei).

Bei den Zahlen 13 bis 19 beginnt im Deutschen wie im Englischen das nächste Problem – die Zahlwörter werden unlogisch, auch wenn das Erwachsenen kaum noch auffällt. Man sagt thirteen, fourteen beziehungsweise dreizehn, vierzehn und so weiter. Zuerst wird der Einer genannt und dann der Zehner – beim Aufschreiben der Zahlen ist es aber genau umgekehrt.

Ab 21 wird's für Engländer und Amerikaner immerhin besser: Dann wechseln ihre Zahlwörter zu einem logischeren Aufbau (twenty-one statt one twenty), im Deutschen bleibt hingegen der Einer vorn (einundzwanzig). Über diese verdrehte Struktur stolpern die Gehirne der Kinder immer wieder. Mal sagen sie dreiundzwanzig zu 32, mal schreiben sie 25 auf, wenn sie zweiundfünfzig hören.

Alte Zöpfe abschneiden

In den Schulen von Peking, Schanghai oder Hongkong kennt man diese Probleme nicht. 13 heißt shi san (zehn-drei), 21 er shi yi (zwei-zehn-eins). Das Beispiel 21 zeigt, dass die asiatischen Kinder auch davon profitieren, dass es keine eigenen Wörter für 20 oder 30 gibt wie im Deutschen. Man sagt zu 20 einfach zwei-zehn (er shi) und zu 30 drei-zehn (san shi).

»Die chinesische Zahlensprechweise ist logisch konsistent«, sagt der Bochumer Mathematikprofessor Lothar Gerritzen. »Für kleine Kinder liegt darin ein erheblicher Vorteil.« Er trommelt schon seit Langem für eine radikale Reform

> Ich stimme mit der Mathematik nicht überein. Ich meine, dass die Summe von Nullen eine gefährliche Zahl ist.
>
> Stanislaw Jerzy Lec (1909–1966), polnischer Lyriker

der deutschen Zahlen. Zwanzigeins statt einundzwanzig lautet sein Credo. »Zwanzigeins« heißt auch der Verein, mit dem sich Gerritzen für eine unverdrehte Zahlensprechweise im Deutschen einsetzt – bislang vergeblich. Vielleicht liegt es auch daran, dass der Verein seine eigenen Ziele selbst nur halbherzig umsetzt? Schließlich heißt er Zwanzigeins und nicht Zwei-zehn-eins, wie es naheliegen würde.

Wie dem auch sei, ich habe durchaus Sympathie für das Vorhaben, die unlogischen Zahlwörter abzuschaffen. Wir würden allen Kindern damit den Einstieg in die Mathematik erleichtern. Ich bin jedoch skeptisch, ob sich die Gesellschaft tatsächlich zu solch einer durchgreifenden Reform durchringen kann. »Das habe ich doch auch hingekriegt«, werden die Älteren zu den Kindern sagen, »strengt euch gefälligst an.« Die Beharrungskräfte sind groß, alte Zöpfe lassen sich nicht so einfach abschneiden, auch wenn sie unlogisch sind. Das hat nicht zuletzt das Hickhack um die Rechtschreibreform gezeigt.

Während sich deutsche Grundschüler also weiterhin mit dem sperrigen Zahlenwort-Erbe abmühen, kommt schon das nächste Problem auf sie zu: das Einmaleins. Monatelang üben sie das Multiplizieren, in Tests müssen sie lange Listen mit 5×6 und 9×7 abarbeiten. Und auch wir Erwachsene haben oft täglich mit Multiplikationsaufgaben zu tun.

Unsere Rechenkünste bleiben jedoch trotz des vielen Trainings nur mittelmäßig. Etwa eine Sekunde benötigen gute Kopfrechner, um eine Aufgabe wie 6×8 zu lösen. Sieht man mal vom Eintippen ab, sind Taschenrechner deutlich schneller. Hinzu kommt, dass wir uns immer wieder verrechnen. Auch ich greife gelegentlich daneben: Ist 7 × 8 nun 54 oder 56? (Letzteres stimmt.)

Psychologen haben sich genauer angeschaut, wann wir uns wie verrechnen. Die Fehler, die wir machen, verraten eine Menge darüber, wie unser Gehirn das Einmaleins speichert. Nehmen wir noch einmal das Beispiel 7 × 8. Wenn jemand statt 56 eine falsche Zahl sagt, dann ist dies meist 48, 49 oder 54, vielleicht auch 63 oder 64. Praktisch nie werden als Ergebnis aber 47, 51, 59 oder 61 genannt. Woran liegt das?

Das kleine Einmaleins

	1	2	3	4	5	6	7	8	9	10
1	1	2	3	4	5	6	7	8	9	10
2	2	4	6	8	10	12	14	16	18	20
3	3	6	9	12	15	18	21	24	27	30
4	4	8	12	16	20	24	28	32	36	40
5	5	10	15	20	25	30	35	40	45	50
6	6	12	18	24	30	36	42	48	54	60
7	7	14	21	28	35	42	49	56	63	70
8	8	16	24	32	40	48	56	64	72	80
9	9	18	27	36	45	54	63	72	81	90
10	10	20	30	40	50	60	70	80	90	100

Die Erklärung ist einfach: Die Zahlen 48, 49, 54, 63 und 64 tauchen in der Tabelle des Einmaleins sämtlich auf. Wir haben sie also in unserem Kopf als Ergebnis einer Multiplikation abgespeichert. Wenn wir die Lösung von 7 × 8 suchen, dann stöbert unser Gehirn in der Tabelle des Einmaleins und erwischt dabei auch schon mal eine falsche Spalte oder Zeile. 47, 51, 59 und 61 hingegen sind entweder Primzahlen – oder wie die 51 das Produkt aus 17 und 3. Sie kommen im Einmaleins nicht vor, wir ziehen sie daher auch kaum als Lösung in Betracht.

Wohnst du schon? Oder rechnest du noch?

Es gibt für dieses Phänomen eine sehr schöne Analogie. Stellen Sie sich vor, Sie müssten auswendig lernen, wo drei verschiedene Personen wohnen und arbeiten:

1) Wohnen
Max David wohnt in der Lukas-Straße.
Max Lukas wohnt in der Albert-Einstein-Straße.
Lukas Ernst wohnt in der Albert-Bruno-Straße.

2) Arbeiten
Max David arbeitet in der Albert-Bruno-Straße.
Max Lukas arbeitet in der Bruno-Albert-Straße.
Lukas Ernst arbeitet in der Max-Ernst-Straße.

Lesen Sie sich die sechs Sätze mehrmals durch. Ganz ehrlich: Können Sie sich das merken? Ich jedenfalls nicht, und ich bin froh, dass ich niemandem erklären muss, wo Lukas Ernst wohnt. Oder hieß er Ernst Lukas?

Das Auswendiglernen einer solchen Liste wäre ein Albtraum – aber letztlich ist es genau das, was wir beim Büffeln des Einmaleins tun müssen. Ersetzen Sie einfach mal die Namen durch Ziffern, und zwar folgendermaßen:

Einstein -> 0
Albert   -> 1
Bruno   -> 2
Max   -> 3
David   -> 4
Ernst   -> 5
Lukas   -> 7

Außerdem soll »wohnt« für Addieren und »arbeitet« für Multiplizieren stehen. Das Wort Straße am Ende der Sätze hat keine Bedeutung. Was wird dann aus unseren sechs Wohnen-Arbeiten-Sätzen? Eine Liste aus Rechenaufgaben.

1) Wohnen (Addieren)
3 + 4 = 7
3 + 7 = 10
7 + 5 = 12

2) Arbeiten (Multiplizieren)
3 × 4 = 12
3 × 7 = 21
7 × 5 = 35

Kein Wunder, dass wir so große Schwierigkeiten haben, das Einmaleins auswendig zu lernen. Es gibt einfach zu viele Ähnlichkeiten darin. Unser Gehirn arbeitet nämlich assoziativ, also ganz anders als ein Taschenrechner oder Excel. Ständig versucht unser Gehirn, Muster zu erkennen. Hat es ein Muster erkannt, dann wird es abgespeichert. Diese Fähigkeit hat uns Menschen weit gebracht. Wir stehen an der Kreuzung, hören ein Motorgeräusch. Die Erfahrung sagt uns: Ein Auto kommt – und das stimmt ja meist auch.

Beim Einmaleins wird dieses assoziative Denken zur Stolperfalle. Wir hören 7 mal 8 – und unser Gehirn liefert uns im ungünstigsten Fall nicht eine einzige Lösung, sondern gleich mehrere, die alle zumindest ungefähr auch ganz gut passen. 54, 56, 64? Um noch mal das Beispiel Auto aufzugreifen: Es geht beim Einmaleins im Grunde darum, am Motorengeräusch die Automarke zu erkennen. Minimale Unterschiede im Klang sind entscheidend.

Wie schnell uns die Gabe des Assoziierens in die Irre führen kann, zeigt auch die folgende kleine Aufgabe:

Der Bauer hatte acht Ziegen. Alle bis auf sechs hat in der Nacht der Wolf gerissen. Wie viele Ziegen hat der Bauer am Morgen noch?

Ich weiß nicht, wie es Ihnen geht. Aber wenn man den Text schnell überfliegt, wie ich es gern mache, dann fängt man fast schon automatisch an, 8 minus 6 zu rechnen, und kommt auf 2. Wir erwarten bei solchen Aufgaben, dass wir etwas ausrechnen müssen – und tun es dann auch einfach, obwohl es besser wäre, erst mal nachzudenken. Dieses blinde Losrechnen hat leider auch einiges mit dem Mathematikunterricht zu tun, wie ihn viele von uns erlebt haben – dazu mehr im nächsten Kapitel.

Ein ähnliches Phänomen des assoziativen Rechnens können Sie beim folgenden Selbstversuch beobachten. Ergänzen Sie bitte folgende Gleichungen:

$4-3=$
$9-6=$
$5-2=$
$10-5=$

Geschafft? Das war nicht besonders schwer. Nennen Sie nun bitte eine Zahl zwischen 5 und 12!

Welche haben Sie ausgewählt? Ich wette, es war die 7. Das ist komisch, denn die 7 liegt nicht in der Mitte zwischen 5 und 12, das gilt vielmehr für die 8 und die 9. Warum aber entscheiden wir uns spontan für die 7? Weil sie das Ergebnis der Subtraktion 12 – 5 ist. Und weil wir unbewusst die beiden Zahlen voneinander abziehen, wenn wir zuvor bereits mehrere Zahlen subtrahiert haben. Unser Gehirn ist quasi im Minus-Modus – und rechnet allein weiter, obwohl wir nur eine Zahl zwischen 5 und 12 aussuchen sollen.

Meister der Mustererkennung

Dieses unbewusste Rechnen im Hinterkopf hat die kanadische Kognitionsforscherin Jo-Anne LeFevre in einem einfachen Experiment untersucht. Sie zeigte Erwachsenen auf einem Computermonitor zwei Zahlen, zum Beispiel 2 und 4. Danach verschwand das Zahlenpaar und eine dritte Zahl erschien, beispielsweise 3, 4 oder 6. Die Testpersonen sollten dann so schnell wie möglich entscheiden, ob die dritte Zahl unter den ersten beiden enthalten war oder nicht.

Die Forscher stoppten die Reaktionszeit der Probanden und stellten dabei fest, dass diese mehr Zeit für ihre Entscheidung benötigten, wenn die dritte Zahl genau der Summe der beiden ersten Zahlen entsprach. Im Fall von 2 und 4 geschah dies also, wenn als dritte Zahl die 6 erschien. Offenbar addieren wir zwei Zahlen, die wir sehen, sofort unbewusst und müssen dann länger überlegen, ob eine 6 im Paar (2, 4) enthalten ist. Bei einer 9 besteht dieses Problem nicht.

Was folgt aus all diesen Erkenntnissen? Unser Gehirn ist

nicht besonders gut fürs exakte Rechnen geeignet. Das assoziative Denken, das uns hilft, mit Unschärfe und unvollständigen Informationen umzugehen, ist beim Jonglieren mit Zahlen wenig hilfreich.

Sollen Mathelehrer das Einmaleins dann künftig einfach links liegen lassen, weil unsere Gehirne dafür nicht konstruiert sind? Mit dem Taschenrechner kann man schließlich auch ausrechnen, was 6 mal 8 ist.

Meine Antwort lautet: nein. Das kleine Einmaleins, das alle Produkte der Zahlen von 1 bis 10 umfasst, gehört wohl oder übel zu den Dingen, die wir auf jeden Fall in der Schule lernen sollten. So wie auch die Rechtschreibung, die in puncto logische Konsistenz noch viel mehr Probleme aufweist als unsere Zahlwörter dreizehn oder einundzwanzig.

Wir brauchen das kleine Einmaleins in der Mathematik immer wieder. Zum Beispiel, wenn wir Gleichungssysteme mit einer oder mehreren Unbekannten lösen oder die Ableitung einer Funktion berechnen. Auch im Alltag stoßen wir ständig auf Rechenaufgaben: Wenn jeder drei Scheiben Brot isst, wie viele muss ich dann vom Brot abschneiden, wenn am Tisch fünf Leute sitzen? Würden Sie da den Taschenrechner zücken wollen? Ich jedenfalls nicht!

Auf das Pauken des großen Einmaleins, das Zahlen von 1 bis 20 umfasst, können wir aber von mir aus gern verzichten. Spätestens bei solchen Aufgaben greife auch ich schnell zum Rechner. Wer häufiger mit größeren Zahlen zu tun hat, kann aber auch zu Rechentricks greifen und damit sogar schneller rechnen als mit dem Taschenrechner. Es gibt erstaunlich elegante Wege, um selbst mit sperrigen Zahlen klarzukommen. Einige davon möchte ich Ihnen hier vorstellen.

Multiplikation mit 11

Zugegeben: Es ist eher selten, dass man eine zweistellige Zahl mit 11 multiplizieren muss. Aber sollte es in Zukunft tatsächlich einmal vorkommen, dann können Sie sich kompliziertes Gerechne ersparen. Der Trick ist einfach: Das Produkt von 32 mal 11 ist eine dreistellige Zahl, die mit der ersten Ziffer der 32, also einer 3 beginnt und ihrer letzten Ziffer, also einer 2 endet. Die mittlere Ziffer ist die Summe aus 3 und 2 – also 5. Hier die Berechnung noch mal im Detail:

$$32 \times 11 = 3(3+2)2 = 352$$

Die Methode funktioniert wunderbar. Probieren Sie es einfach mal an den folgenden Beispielen selbst aus:

$45 \times 11 =$
$72 \times 11 =$
$18 \times 11 =$
$36 \times 11 =$

Es gibt allerdings zweistellige Zahlen, bei denen man aufpassen muss. Das sind jene Zahlen, bei denen die Summe der beiden Ziffern größer als 9, also zweistellig ist. Zum Beispiel 85. Nach der Rechenregel wäre das Produkt viel zu groß.

$$85 \times 11 = 8(8+5)5 = 8135 \ (!)$$

Der Trick funktioniert trotzdem. Man muss nur beachten, dass man die Summe der beiden Ziffern 8 und 5, die im Ergebnis die mittlere Ziffer bilden, richtig aufteilt. Die 3 aus der

Zahl 13 kommt in die Mitte, dafür muss die verbleibende 1 zur ersten Ziffer 8 addiert werden. Die richtige Rechnung lautet also:

$$85 \times 11 = 8(8+5)5 = 8(13)5 = (8+1)35 = 935$$

Testen Sie den Trick bei den folgenden vier Aufgaben:

$47 \times 11 =$
$59 \times 11 =$
$77 \times 11 =$
$89 \times 11 =$

Bleibt die Frage: Warum funktioniert die Elfer-Methode überhaupt? Können Sie zeigen, dass sie bei allen zweistelligen Zahlen angewendet werden kann? Vergleichen Sie Ihren Beweis mit dem im Lösungsteil auf Seite 216.

Quadrate zweistelliger Zahlen

Als Schüler hatte ich alle Quadrate von 1 bis 20 im Kopf. Wenn Sie mich jetzt fragen, was 19 mal 19 ist, dann muss ich allerdings passen. Es gibt zum Glück aber einen simplen Trick, um Zahlen leicht im Kopf mit sich selbst zu multiplizieren.

Die Idee dabei ist, unhandliche Zahlen, und dazu gehört die 19 zweifellos, so zu verändern, dass man gut mit ihnen rechnen kann. Wie wäre es, wenn wir statt mit 19 einfach mit 20 multiplizieren? Und damit das Ergebnis halbwegs stimmt, ziehen wir die 1, die wir zur ersten 19 addiert haben, von der zweiten 19 wieder ab. Wenn wir dann zum Produkt 20×18

noch das Quadrat von 1 addieren, haben wir die exakte Lösung. Hier noch mal ausführlich aufgeschrieben:

$19^2 = (19+1) \times (19-1) + 1^2 = 20 \times 18 + 1 = 361$

Noch mehr Eindruck macht die Methode bei größeren zweistelligen Zahlen. Zum Beispiel 87.

$87^2 = (87+3) \times (87-3) + 3^2 = 90 \times 84 + 9 = 7560 + 9 = 7569$.

Jetzt sind Sie dran!

$68^2 =$
$52^2 =$
$91^2 =$
$65^2 =$

Dieser Trick geht übrigens auf eine binomische Formel zurück, die sich bei vielen Aufgaben in der Mathematik immer wieder als äußerst hilfreich erweist:

$(a+b) \times (a-b) = a^2 - b^2$

Wenn wir auf beiden Seiten der Gleichung einfach b^2 dazuaddieren, haben wir den Rechenweg gefunden:

$(a+b) \times (a-b) + b^2 = a^2$

Fingermultiplikation

Ich greife bei Rechnungen wie 13 mal 15 gern zum Taschenrechner, doch es gibt eine elegante Methode, bei der die Finger eine wichtige Rolle spielen. Was man braucht, ist ein Handzeichen für jede der Zahlen von 1 bis 9. Ich kann zum Beispiel für die Zahlen von 1 bis 5 jeweils genauso viele Finger nach oben halten. Für die 6 drehe ich die Hand nach unten und strecke nur einen Finger aus, bei der 7 zwei und so weiter. Diese Handzeichen muss ich mir gut einprägen.

Beim Multiplizieren von 13 mal 15 interessieren zunächst nur die Einer. Also zeige ich mit der linken Hand drei und mit der rechten fünf an – jeweils mit nach oben gestreckten Fingern. Gerechnet wird dann folgendermaßen: $10 \times 10 = 100$ plus die Zahlen an beiden Händen addiert mal 10, also $(3+5) \times 10 = 80$ plus Zahl linke Hand mal Zahl rechte Hand, also $3 \times 5 = 15$: Das Ergebnis lautet $100 + 80 + 15 = 195$ – und es stimmt!

Die Fingermultiplikation funktioniert auch bei 22 mal 24 oder 34 mal 35, Hauptsache, die Zehnerziffern beider Faktoren sind gleich. Hier die Rechnung für 22 mal 24:

$$20 \times 20 + 20 \times (2+4) + 2 \times 4 = 400 + 120 + 8 = 528.$$

Probieren Sie doch mal aus, ob Sie 15×14 und 23×24 mit Ihren Fingern hinbekommen!

Von links addieren

In der Schule haben Sie bestimmt auch lernen müssen, wie man schriftlich addiert. Das Verfahren geht so: Wir schreiben die Zahlen untereinander und beginnen rechts bei den Einern. Dann folgen die Zehner, Hunderter und so weiter.

Wer zweistellige Zahlen schnell im Kopf addieren will, sollte anders vorgehen. Zusammengerechnet wird nicht von rechts, sondern von links, und zwar folgendermaßen:

```
    57
+   32 (30 + 2)
=   87 + 2
=   89
```

Die Idee dahinter ist auch hier, sich die Aufgabe zu vereinfachen, indem man sie in kleinere, leichter handhabbare Häppchen zerlegt. Also erst nur die Zehner zur ersten Zahl hinzuzählen und danach die Einer. Beides zugleich ist im Kopf zu schwer.

Wenn Sie noch mehr über solche Rechentricks erfahren möchten, kann ich Ihnen zwei Bücher empfehlen, aus denen auch die hier beschriebenen Verfahren stammen. Zum einen »Mathe-Magie« von dem amerikanischen Mathematiker Arthur Benjamin. Er hat seine Rechentricks so weit getrieben, dass er damit als Mathe-Magier auftritt. Das zweite Buch stammt von dem deutschen Schnellrechner Gert Mittring und heißt »Rechnen mit dem Weltmeister«. Mittring ist mehrfacher Weltmeister im Kopfrechnen und kann binnen weniger Sekunden die 13. Wurzel aus einer hundertstelligen Zahl ziehen – im Kopf!

Mittring und Benjamin sind sicher hochbegabt, hinter ihrer Zahlenakrobatik stecken jedoch viel Training und vor allem clevere Rechenwege, wie wir sie in der Schule leider nicht gelernt haben.

Einstein hat doch recht!

Zum Schluss möchte ich Ihnen noch von einem Experiment berichten, das Einsteins These vom Anfang des Kapitels sogar für eine bestimmte Art des Rechnens bestätigt. Der Begründer der Relativitätstheorie war bekanntlich der Meinung, dass Sprache bei seinen Denkprozessen kaum eine Rolle spielt. Die amerikanische Psychologin Elizabeth Spelke hat 1999 gemeinsam mit weiteren Kollegen acht Studenten mit Rechenaufgaben traktiert.

Das Besondere an der Studie war, dass die Testteilnehmer sämtlich sehr gut Englisch und Russisch sprachen. Sie stammten aus Russland und lebten im Schnitt schon fünf Jahre in den USA. Die Forscher trainierten mit den Studenten das Addieren zweistelliger Zahlen. Die Aufgaben wurden auf dem Computerbildschirm allerdings nicht mit arabischen Zahlen angezeigt, etwa 23 + 12, sondern als ausgeschriebene Zahlwörter. Ein Teil der Probanden bekam die Aufgaben auf Englisch gestellt, ein Teil auf Russisch. Auf dem Monitor stand dann zum Beispiel

twenty-three + twelve

beziehungsweise

двадцать три + двенадцать

Nach der Aufgabe erschienen auf dem Bildschirm zwei Zahlwörter in der jeweils trainierten Sprache. Die Studenten mussten dann per Knopfdruck das Zahlwort auswählen, das der Lösung entsprach. Ihre Reaktionszeit wurde gestoppt.

Das Addieren wurde über Tage nur in einer Sprache trainiert – bei dem abschließenden Test bekamen die Probanden die Lösungen jedoch teils auch in der Sprache präsentiert, in der sie nicht geübt hatten. Die Aufgabe bestand zum Beispiel aus russischen Wörtern, die Lösung aus englischen.

> Die Mathematik, die wir nicht in der Schule gelernt haben, ist die eigentlich interessante.
> Ian Stewart (geb. 1945), britischer Mathematiker und Sachbuchautor

Dabei zeigte sich, dass der Wechsel der Sprache die Reaktionszeit deutlich verlängert. Die Forscher erklären dies damit, dass die Kenntnis zum exakten Addieren in einem sprachabhängigen Format gespeichert ist. Wer immer auf Russisch addiert und plötzlich englische Zahlwörter vor sich hat, muss diese erst übersetzen und braucht entsprechend länger. Das überrascht nur wenig.

Umso verblüffender waren jedoch die Ergebnisse eines zweiten Experiments. Auch hier ging es um das Addieren zweier Zahlen, doch das Display zeigte als mögliche Lösungen zwei Zahlen an, von denen keine stimmte. Nun bestand die Aufgabe darin, jene Zahl auszuwählen, die dem Ergebnis am nächsten kam. Dabei kam es also eher auf das Schätzen an als aufs exakte Summieren.

Auch bei diesem Experiment übte ein Teil der Probanden ausschließlich mit englischen Zahlwörtern, der andere Teil mit russischen. Überraschenderweise änderten sich die Reaktionszeiten beim Schätzen jedoch nicht, wenn die Sprache gewechselt wurde. Wer zum Beispiel russische Zahlwörter trainiert hatte, brauchte für das Finden der Zahl, die der Lösung am nächsten kam, immer die gleiche Zeit, ganz gleich, ob er russische oder englische Zahlwörter vor sich hatte.

Beim Abschätzen von Ergebnissen arbeitet unser Gehirn also ganz anders als beim exakten Rechnen – die Sprache ist nicht involviert. Das belegten auch Hirnscans, welche die Forscher während der Versuche durchgeführt hatten. Bei der exakten Rechnung waren für Sprache zuständige Bereiche des Gehirns beteiligt, beim Schätzen jene Regionen, in denen visuelle und räumliche Informationen verarbeitet werden.

Ich finde dieses Ergebnis besonders faszinierend, widerlegt es doch ein weitverbreitetes Klischee. Wie oft habe ich schon den Spruch gehört: »Ich bin kein Zahlenmensch, meine Stärken liegen eher in der Sprache.« Dabei, das zeigen all die Beispiele aus diesem Kapitel, hängen Zahlen und Sprache sehr eng zusammen. Für ein Sprachtalent dürfte das Einmaleins also eigentlich kaum schwieriger sein als die Konjugationsformen eines Verbes. Beides muss man büffeln.

Aufgabe 11 *

Ein König steht allein auf einem Schachbrett in einer Ecke. Er kann immer nur ein Feld weiterrücken. Immer wenn ihn das Gefühl der Einsamkeit überkommt, rutscht er auf ein benachbartes Feld. Dies geschieht insgesamt 62-mal. Zeigen Sie, dass es ein Feld auf dem Schachbrett gibt, das der König dabei nicht betreten hat.

Aufgabe 12 **
Finden Sie alle zweistelligen natürlichen Zahlen, die gleich dem Dreifachen ihrer Quersumme sind.

Aufgabe 13 **
Gegeben sind zwei verschieden große Quadrate. Finden Sie ein Quadrat, dessen Fläche genauso groß ist wie die Fläche der beiden gegebenen Quadrate zusammen.

Aufgabe 14 ***
Drei gleich große Kreise berühren sich gegenseitig. Wie groß ist die von ihnen eingeschlossene Fläche?

Aufgabe 15 * * *
Zeigen Sie, dass es unendlich viele Beispiele für fünf aufeinanderfolgende natürliche Zahlen gibt, von denen keine eine Primzahl ist.

Verkannte Genies: Wie Mathephobien entstehen

4

Ob ein Kind Mathematik mag oder nicht, hängt vor allem davon ab, wie es das Fach erlebt. Bekommt es Lösungstechniken eingetrichtert? Oder darf es eigene kreative Ideen entwickeln, die auch als solche erkannt werden?

Keine Angst, Sie müssen jetzt nicht an die Tafel und $x^3 + 5x^2 - 4$ differenzieren. Das Kapitel beginnt mit einer wirklich einfachen Frage: Auf einem Schiff befinden sich 26 Schafe und 10 Ziegen. Wie alt ist der Kapitän? Was meinen Sie?

1980 haben Pädagogen des französischen Forschungsinstituts für Mathematikunterricht IREM Grundschülern in Grenoble diese Aufgabe gestellt. 76 der 97 befragten Kinder rechneten tatsächlich ein Ergebnis aus – also mehr als drei Viertel. Dreimal dürfen Sie raten, auf wie viele Jahre die Schüler gekommen sind: 36.

In der Tat ergibt die Addition von 26 und 10 die Zahl 36, addieren konnten die Schüler offensichtlich. Das Ergebnis ist freilich völliger Unsinn. Hier werden zwar nicht Äpfel mit Birnen verglichen, aber Schafe und Ziegen zu Jahren zusammengerechnet.

In der Lehrerschaft sorgte die Untersuchung für Empörung. »So darf man das doch nicht machen«, »Das ist Machtmissbrauch«, »Eine Schande, so etwas Kindern anzutun« – derartige Kommentare musste sich die französische Mathe-Didaktikerin Stella Baruk anhören, als sie die Studie Lehrern vorstellte.

Wie aber kommen Schüler darauf, Schafe und Ziegen

> Mathematik handelt nicht von Zahlen, sondern vom Leben.
> Keith Devlin (geb. 1947), britischer Mathematiker und Autor

zu Jahren zu addieren? Wissenschaftler haben das Phänomen der sogenannten Kapitänsaufgaben in den letzten 30 Jahren unter verschiedenen Blickwinkeln untersucht – bis heute machen viele Schüler dieselben Fehler. Immerhin haben die Studien aber gezeigt, dass Unsinnsaufgabe nicht gleich Unsinnsaufgabe ist. Ein Teil der Kinder trifft beim Lösen interessante Unterscheidungen.

Die Drittklässler aus Grenoble bekamen folgende zwei Aufgaben nacheinander gestellt und wurden auch gebeten aufzuschreiben, was sie von den Aufgaben halten.

> Auf einem Schiff sind 36 Schafe. Davon fallen 10 ins Wasser. Wie alt ist der Kapitän?

> Es gibt 7 Reihen mit je 4 Tischen im Klassenzimmer. Wie alt ist die Lehrerin?

Der Großteil der Kinder »rechnete« auch hier bei beiden Fragen das Alter aus. Die Ergebnisse lauteten dann meist 26 beziehungsweise 28 Jahre. Interessanterweise zeigte ein Drittel der Schüler aber ein auf den ersten Blick widersprüchliches Verhalten. Die Kinder erklärten, dass man die erste Frage nicht beantworten könne oder dass sie jedenfalls nicht wüssten, wie man sie beantworten solle. Bei der zweiten Frage hingegen gaben sie eine Antwort, obwohl sie genau wie die erste Frage nicht lösbar ist. Hier einige ausgewählte Kommentare der Kinder:

	Schafe/Kapitän	Reihen/Tische/Lehrerin
Anne	Woher soll man wissen, wie alt der Kapitän ist? Das kann man nicht wissen.	$7 \times 4 = 28$ Die Lehrerin ist 28 Jahre alt.
Nathalie	Ich begreife nicht, dass Sie zuerst von Schafen sprechen und dann von einem Kapitän. Ich finde diese Aufgabe ein bisschen komisch.	Ich glaube, die Lehrerin ist 28 Jahre alt, denn ich habe so gerechnet: $4 \times 7 = 28$. Ich finde, diese Aufgabe ist ziemlich leicht.
Peter	Wieso redet man von Schafen und fragt dann, wie alt der Kapitän ist? Ich halte die Aufgabe für Blödsinn.	Ich glaube, die Lehrerin ist 28 Jahre alt, deshalb weil $4 \times 7 = 28$. Ich halte diese Aufgabe für weniger blöd als die andere.

(aus Baruk: »Wie alt ist der Kapitän?«)

Die Forscherin Stella Baruk hält das Verhalten der Kinder für keineswegs widersprüchlich. Die Klasse, die Tische und die Lehrerin stammten aus derselben Erlebniswelt und gehörten für die Schüler deshalb zusammen, erklärt sie. Deshalb würden die Kinder auch ohne zu zögern mit den Zahlen rechnen. Im Falle des Kapitäns und der Schafe bestehe zumindest für einen Teil der Kinder ein solcher inhaltlicher Zusammenhang nicht, deshalb würden sie auch keine Lösung ausrechnen.

Ich rechne einfach mal los

Und es wird noch kurioser: Bei Tests mit deutschen Schülern Mitte der Neunzigerjahre haben Wissenschaftler von der TU Dortmund beobachtet, dass diese sogar dann anfangen zu rechnen, wenn sie es eigentlich gar nicht müssten:

> Ein 27 Jahre alter Hirte hat 25 Schafe und 10 Ziegen. Wie alt ist der Hirte?

Obwohl die Lösung 27 Jahre klar im Text steht, rechneten die Kinder munter drauflos. 27 + 25 + 10, 27 + 25 − 10 − bei den Rechenwegen zeigten sich die Grundschüler erfinderisch. Im Anschluss baten die Forscher die Kinder, ihre Lösungen noch einmal zu erklären. Viele waren überzeugt, alles richtig gemacht zu haben, wie das folgende Gesprächsprotokoll zeigt:

> Sebastian: Ich weiß es. Ein 27 Jahre alter Hirte, da muss man die 25 noch dazuzählen. Und die 10 Ziegen, die laufen ja nicht weg!
> Frage: Die laufen nicht weg?
> Sebastian: Ne, hab ich nicht geschrieben!
> Frage: Und was musst du da rechnen?
> Sebastian: 27 plus 25 plus die 10.
> Frage: Weil die Ziegen nicht weglaufen?
> Sebastian: Ja.
> Frage an Dennis: Und was meinst du?
> Dennis: Die laufen weg! Der passt da nicht drauf!
>
> (aus Spiegel/Selter: »Kinder und Mathematik«)

Die fantasievollen Erklärungen der beiden Jungen wirken rührend, sie sind aber vor allem eins: erschreckend. Ziegen und Schafe zum Alter des Hirten zusammenzählen – lernen die Kinder das so im Mathematikunterricht?

Die traurige Antwort darauf lautet: offensichtlich ja. Dies hat Hendrik Radatz bei einer Untersuchung mit deutschen Schülern und Kindergartenkindern herausgefunden. Er stellte mehr als 300 Kinder die unsinnigen Kapitänsaufgaben. Und dabei kam heraus, dass die Kinder umso häufiger eine »Lösung« ausrechneten, je älter sie waren. Die Kita-Kinder kamen auf eine Berechnungs-Quote von nur etwa 10 Prozent, die Zweitklässler auf 30 Prozent, die Dritt- und Viertklässler hingegen auf 54 beziehungsweise sogar 71 Prozent! Je mehr Mathematikunterricht die Schüler erlebt haben, umso schneller rechnen sie ohne nachzudenken einfach blind drauflos.

Warum das so ist, wissen Pädagogen mittlerweile. Im Unterricht werden Textaufgaben intensiv geübt. Die Texte selbst sind meist belanglos und haben mit dem tatsächlichen Leben der Kinder wenig zu tun. Wozu sollen sie die Aufgabe dann genau lesen, wenn sie ja immer wieder nur Zahlen in eine Gleichung einsetzen? In der Regel ist bei den Textaufgaben zudem jene Rechenoperation gefragt, die gerade im Unterricht besprochen wurde. Und in den Aufgaben wird nicht nach dem Sinn gefragt, sondern nach einer Zahl. Das haben die Schüler im Unterricht schnell verinnerlicht.

Die Kinder verhalten sich so, wie es von ihnen erwartet wird. Wenn sie merken, dass bei der Aufgabe etwas nicht stimmen kann, rechnen sie trotzdem weiter und geben die Schuld dann dem Aufgabensteller, wie Christoph Selter und seine Dortmunder Kollegen beobachtet haben. Exemplarisch dafür steht der folgende Dialog eines Lehrers mit einer Schülerin:

Lehrer: Du hast 10 Bleistifte und 20 Buntstifte. Wie alt bist du?
Julia: 30 Jahre alt!
Lehrer: Aber du weißt doch genau, dass du nicht 30 Jahre alt bist!
Julia: Ja, klar. Aber das ist nicht meine Schuld. Du hast mir die falschen Zahlen gegeben.

(aus Spiegel/Selter: »Kinder und Mathematik«)

Das Kapitänsaufgaben-Phänomen zeigt eindrucksvoll, dass im Mathematikunterricht einiges schiefläuft. Das Denken kommt zu kurz, und das hat viel damit zu tun, dass Lehrer dieses Fach selbst nicht anders kennengelernt haben. Wer verhindern will, dass viele Menschen mathegeschädigt die Schule verlassen, muss die Lehrerausbildung verbessern. Doch das ist einfacher gesagt als getan, wie wir am Ende des Kapitels noch sehen werden.

Wenn Kinder in die erste Klasse kommen, haben sie normalerweise noch ein gutes Verhältnis zu Zahlen, Dreiecken und Logik. Wir haben im ersten Kapitel gesehen, dass bereits Babys über elementare Rechenkünste verfügen. Und ihre Vorliebe für messerscharfe Logik demonstrieren Kita-Kinder immer wieder, wenn sie zur 10 beispielsweise einzig sagen, zur 12 zweizehn und zur 110 elfzig.

Logisch und trotzdem falsch

Sie leiten diese Zahlwörter, so gut sie können, logisch von den Zahlwörtern ab, die sie kennen. Eigentlich müssten sie dafür gelobt werden. Sie haben eigenständig gedacht, Muster erkannt und diese in einer neuen Situation richtig angewandt. Leider ist das Ergebnis trotzdem falsch.

Spaß mit Geometrie: Im Mathematikum Gießen erleben Schüler das Fach spielerisch

Falsche Zahlwörter lösen sicher noch keine Mathephobie aus, aber wenn Kindern systematisch das eigene Denken und Entdecken ausgetrieben wird, dann verlieren sie schnell die Lust am Lernen. Das gilt selbstverständlich nicht nur für die Mathematik.

Inge Schwank, Professorin für Mathematikdidaktik an der Universität Osnabrück, berichtet von einem typischen Fall aus der 3. Klasse. Die Schüler lernen schriftliches Rechnen, und ein Kind schreibt auf: 888 + 222 = 101010.

»Das ist natürlich dramatisch verkehrt«, sagt Schwank. Aber dahinter stecke durchaus richtige Mathematik. Der Schüler habe einfach die Einer, Zehner und Hunderter addiert und die einzelnen Ergebnisse hintereinandergeschrieben. »Man muss sich aber die Mühe machen, das zu erkennen.«

Ein anderes Beispiel schildern Hartmut Spiegel und Christoph Selter. In einer Klassenarbeit müssen Schüler der 4. Klasse folgende Aufgabe lösen.

Der Apotheker füllt 1,750 Kilogramm Salmiakpastillen in Tüten zu je 50 Gramm. Wie viele Tüten erhält er?

Annika hat folgende Lösung abgegeben:

1,750 kg : 50 g $\quad 2 \times 7 \ = 14$
$ 1 \times 1 \ = \ 1$
$ 2 \times 10 = 20$
$ \overline{35}$

Antwort: Der Apotheker erhält 35 Tüten.

Das Ergebnis stimmte, doch die Lehrerin stutzte über Annikas Lösungsweg. Was hatte das Kind da bloß gerechnet? Weil es nicht nur für die richtige Lösung Punkte gab, sondern auch für den Rechenweg, zeigte die Lehrerin die Arbeit zwei Kollegen. Die hatten ebenfalls den Eindruck, dass dahinter kaum eine sinnvolle Rechnung stecken konnte und Annika das richtige Ergebnis womöglich einfach nur abgeschrieben hatte.

Am nächsten Tag ließ die Lehrerin Annika die Aufgabe noch einmal an der Tafel rechnen – heraus kamen derselbe Rechenweg und das richtige Ergebnis. Daraufhin fragte die Lehrerin, ob jemand die Kalkulation erklären könne. Ein Schüler meldete sich und erläuterte den Rechenweg folgendermaßen: 100 g sind zwei 50-g-Tüten, 700 g also 2 × 7 = 14 Tüten. Die fehlenden 50 g der 750 g stecken in der Rechnung 1 × 1 = 1. Fehlen noch die 1000 g, und da sind es 2 × 10 = 20 Tüten. Die Summe dieser drei Zahlen 14 + 1 + 20 ergibt 35 Tüten.

Annika hatte noch mal Glück gehabt. Für Hartmut Spiegel von der Universität Paderborn zeigt ihr Fall, dass es äußerst wichtig ist, seltsam erscheinende Rechenwege nicht einfach so abzutun. »Überlegungen von Schülern sind oft vernünftiger, organisierter und intelligenter, als wir Erwachsene es oberflächlich wahrnehmen«, sagt er.

Verkannte Genies

Spiegel rät Eltern und Lehrern, genau hinzuschauen und zuzuhören, wenn Kinder ihnen falsche oder unverständliche Antworten geben. Bei genauer Betrachtung zeigen diese Antworten häufig, dass die Kinder durchaus richtig gedacht haben, nur eben anders, als es die Erwachsenen erwartet haben. »Die Denkwege von Kindern sind manchmal so intelligent, dass wir als Erwachsene große Schwierigkeiten haben, sie in ihrer Originalität und Kreativität zu erkennen«, sagt Spiegel.

Der Zweitklässler Sven ist ein klassisches Beispiel dafür. Seine große Liebe gilt dem Fußball. Aufmerksam verfolgt er, mit wie vielen Punkten die Spieler in einer Zeitung bewertet werden. Eines Tages kommt er auf die Idee, die Punkte für seine Lieblingsmannschaft zusammenzurechnen. Dabei entdeckt er einen Trick, auf den er äußerst stolz ist. Um die zwölf Zahlen

9, 12, 10, 11, 8, 10, 9, 8, 12, 11, 10, 12

zu addieren, geht er sie durch und sagt: »119, 121, 121, 122, 120, 120, 119, 117, 119, 120, 120, 122«. 122 ist tatsächlich das richtige Ergebnis. Wie aber hat Sven gerechnet?

Der Zweitklässler hat einen cleveren Trick genutzt: Alle

zwölf Punktzahlen liegen nahe bei der Zehn. Also rechnet Sven erst einmal $12 \times 10 = 120$. Dann addiert er bei jeder der zwölf Zahlen den Abstand zur Zahl 10 hinzu. Bei der ersten Zahl 9 ist dies $9 - 10 = -1$, also ergibt sich $120 - 1 = 119$. Bei der zweiten Zahl 12 ergibt sich $12 - 10 = 2$, also $119 + 2 = 121$, und so weiter. Ein intelligentes Verfahren, mit dem Sven flott addiert und zudem das Herumjonglieren mit immer größeren Zahlen vermeidet.

Ganz ähnlich wie Sven hat übrigens auch der große Mathematiker Carl Friedrich Gauß (1777–1855) angefangen. Als Siebenjähriger saß er in der Grundschule gemeinsam mit älteren Kindern in der Klasse. Sein Lehrer Büttner stellte die Aufgabe, alle Zahlen von 1 bis 100 zu addieren. Gauß fand die Lösung 5050 im Handumdrehen, während seine älteren Mitschüler sich durch die langen Zahlenkolonnen quälten.

Der Lösungsweg des kleinen Carl Friedrich hat eine gewisse Ähnlichkeit mit Svens Rechentrick. Gauß ordnete die hundert Zahlen einfach paarweise an. Er schrieb:

$$1+100,\ 2+99,\ 3+98,\ 4+97,\ \ldots,\ 50+51$$

Damit stand das Ergebnis schon da: Die Zahlenpaare ergeben nämlich jeweils 101, und weil es genau 50 davon gibt, ist die gesuchte Summe $50 \times 101 = 5050$. Büttner, der Lehrer von Gauß, erkannte das Talent des kleinen Carl Friedrich. Er sorgte dafür, dass Gauß finanzielle Unterstützung vom Hofe bekam und studieren konnte.

Solche schlauen Rechenwege, wie sie Sven oder der kleine Gauß gefunden haben, trauen viele Grundschullehrer ihren Schülern übrigens nicht einmal zu. Oliver Thiel hat 2004 die Lehrer von 40 ersten Klassen aus Brandenburg, Berlin und Nordrhein-Westfalen befragt. Nur knapp 40 Prozent der

Lehrkräfte glaubten, dass die Kinder eigene Lösungswege finden können, ganze 26 Prozent sprachen ihnen diese Fähigkeiten vollständig ab. Gauß hatte vor mehr als 200 Jahren Glück mit seinem Lehrer Büttner, aber er bräuchte dies leider auch heute, um als Talent erkannt zu werden.

Bloß keine Fehler machen

Schlaue Rechenwege können sogar zum Problem werden. Und zwar dann, wenn die Kinder sich dabei verrechnen. Sie haben sich zwar eine eigene Lösungstechnik ausgedacht – was eine große Leistung ist –, dabei aber einen kleinen Fehler gemacht mit der Folge, dass das Ergebnis nicht stimmt. Erwachsene erklären dann schnell mal, dass man so nicht rechnen könne. Irgendwann heißt es dann vielleicht sogar, das Kind habe in Mathe Probleme – und schließlich glaubt es das auch selbst und verliert das Interesse an dem Fach.

Die Exaktheit der Mathematik macht die Sache nicht leichter. Eine Lösung, das lernen Kinder ziemlich schnell, kann nur richtig sein oder falsch – dazwischen gibt es nichts. Die Gefahr ist groß, dass Kinder falsch als Misserfolg oder gar als Demütigung erleben.

Dabei sollte jedem klar sein: Menschen machen Fehler, auch und gerade beim Rechnen. Didaktiker wie Inge Schwank von der Universität Osnabrück verlangen daher einen konstruktiven Umgang mit Fehlern. Sie sind nicht etwa ärgerlich oder peinlich, sondern »ein willkommener Anlass für eine Diskussion«. Und damit hat sie völlig recht.

Lehrer oder Eltern, die vor allem auf den Fehlern herumreiten, helfen Kindern nicht – im Gegenteil. Wer will schon immer wieder hören, was er bereits alles falsch gemacht hat?

Viel besser ist, das zu loben, was gut gemacht wurde. Hinter einem falschen Ergebnis stecken schließlich trotzdem viele richtige Gedanken. Positives Feedback, das weiß ich aus eigener Erfahrung nur zu gut, motiviert, dranzubleiben und es bei der nächsten Aufgabe besser zu machen.

Ein wohl noch größeres Problem im Mathematikunterricht ist die Neigung vieler Lehrer, den Kindern einen bestimmten Lösungsweg vorzuschreiben. Dabei gehen Schüler erwiesenermaßen sehr verschiedene Wege – nicht nur wenn sie im Deutschunterricht über ihre Erlebnisse berichten sollen, sondern auch im Fach Mathematik.

Spiegel und Selter schildern eine Situation aus einer 1. Klasse. Es geht darum, wie man rechnet, wenn bei einer Plus-Aufgabe ein Ergebnis größer als 10 herauskommt. Der Lehrer hat den Kindern erklärt, dass sie zunächst bis zu 10 ergänzen und dann den Rest zur 10 hinzuzählen sollen. Bei $7+6$ wird also erst $7+3=10$ gerechnet und dann $10+3=13$. Der Lehrer möchte mit Timo nun eine solche Aufgabe durchrechnen.

Lehrer: Wie viel ist $9+4$?
Timo: Wenn es 10 wären, wären es 14, weil $5+5$ ist ja 10, und 4 dazu ist 14, aber es ist ja $5+4$.

Haben Sie eine Ahnung, was Timo sich da überlegt hat? Der Lehrer jedenfalls erkennt es nicht.

Lehrer: Wer kann es Timo noch mal erklären?
Sina: Du musst rechnen $9+1=10$ und dann noch die 3 dazu macht 13!
Lehrer: Hast du es verstanden, Timo?
Timo: (nickt, wirkt aber nicht überzeugt)

(aus Spiegel/Selter: »Kinder und Mathematik«)

Der Schüler hat den Rechenweg des Lehrers wohl eher nicht verstanden. Wahrscheinlich wollte er einfach nur seine Ruhe haben. Damit ist die Geschichte aber noch nicht zu Ende. Denn wenige Minuten später erklärt der Lehrer der Klasse: »Der Timo hat große Schwierigkeiten in Mathematik! Manchmal glaube ich, er hört mir nicht richtig zu.«

Was für ein Unsinn! Es ist der Lehrer, der richtig zuhören müsste. Hätte er das getan, wüsste er, dass Timo sogar sehr geschickt im Umgang mit Zahlen ist. Der Schüler wollte nämlich nicht umständlich erst 9 + 1 rechnen und dann 10 + 3, sondern 10 + 4, um vom Ergebnis wieder 1 abzuziehen. Ein cleverer Rechentrick, aber Timo ist nicht mehr dazu gekommen, ihn anzuwenden. Schade!

> Gott existiert, weil die Mathematik widerspruchsfrei ist, und der Teufel existiert, weil wir das nicht beweisen können.
>
> André Weil (1906–1998), französischer Mathematiker

Wenn Kinder Mathematik jedoch nur als Fach erleben, in dem vom Lehrer vorgegebene Lösungstechniken immer und immer wieder geübt werden, ohne dass sie verstanden worden sind, kann natürlich kein Spaß aufkommen. Dass Mathematik sehr viel mit Kreativität und Ausprobieren zu tun hat, erfahren die Schüler so nicht.

Mir selbst ging es in der Schule ganz ähnlich. Das spielerische, kreative Element der Mathematik habe ich mehr zufällig kennengelernt, als ich nachmittags nach der Schule versuchte, Knobelaufgaben zu lösen – als Training für die Mathematikolympiaden. Und dabei habe ich immer wieder festgestellt, dass es oft mehrere, teils sehr verschiedene Wege gibt, zum Ziel zu kommen.

Viele Wege führen nach Rom

Viele Lehrer glauben übrigens, dass es sehr gute Gründe gibt, im Unterricht nur einen Lösungsweg zu besprechen. Die schwächeren Schüler hätten schon genug Probleme, den ersten Weg zu verstehen, sagen sie, noch mehr Optionen würden sie überfordern. Fest steht auf jeden Fall: Nur einen Lösungsweg vorzugeben, macht es für den Lehrer einfacher. Mathematisches Denken wird so jedoch nicht gefördert.

»Mathematik heißt diskutieren, argumentieren«, sagt Inge Schwank. Das Fach habe nichts mit Abhaken von Lösungen zu tun. »Der Weg ist das Ziel«, meint die Didaktikerin.

Viele Schwierigkeiten mit dem Fach Mathematik haben leider auch mit einem geringen Selbstvertrauen zu tun. Wer zu oft zu hören bekommt, dass er nicht mit Zahlen umgehen kann, wird kaum noch Zutrauen in die eigenen Fähigkeiten haben. So kann ein regelrechter Teufelskreis entstehen. Die Kinder haben das Gefühl zu versagen. Ihre Angst vor Mathematik steigt, und sie machen noch häufiger Fehler.

Als Erwachsene sagen sie dann: »In Mathe war ich immer schlecht.« Leider wissen sie nicht, dass das kaum stimmen kann. Die fehlende Mathekompetenz wurde ihnen eingeredet – von unsensiblen, unwissenden Lehrern und mathegeschädigten Eltern.

Immerhin gibt es Hoffnung, dass sich die Situation künftig verbessern könnte. In der Ausbildung und vor allem in der Fortbildung von Lehrern tut sich etwas. Bildung ist in Deutschland bekanntlich Ländersache. Wer hier etwas ändern will, muss mit 16 Ministerien eine gemeinsame Lösung finden, was schwierig bis unmöglich ist.

Damit das Thema besserer Mathematikunterricht nicht im

Kompetenzgerangel der Länder zerrieben wird, hat die Deutsche Telekom Stiftung im Sommer 2011 beschlossen, quasi im Alleingang und ohne Geld vom Staat ein bundesweites Zentrum für Lehrerbildung einzurichten. Erklärtes Ziel ist es, die Aus- und Weiterbildung von Mathelehrern zu verbessern.

Das Projekt guter Matheunterricht braucht Geduld – schnelle Erfolge sind unwahrscheinlich. Doch wenn das Zentrum für Lehrerbildung die gewünschte Wirkung erzielt, werden Schritt für Schritt immer mehr Schüler Mathematik so erleben, dass sie Freude daran haben. Von diesen Schülern entschließen sich dann später hoffentlich einige, Lehrer zu werden. Und dann braucht die nächste Generation sich nicht mehr vor Sinusfunktionen und Integralen zu fürchten.

Aufgabe 16 *
Wie Sie wissen, gibt es Münzen für die Cent-Beträge 1, 2, 5, 10, 20 und 50. Wenn man jeden Betrag von 1 bis 99 Cent passend haben möchte, wie viele Münzen braucht man dafür mindestens?

Aufgabe 17 **
Neun Kugeln liegen auf dem Tisch. Eine davon ist etwas schwerer als die anderen. Sie haben eine Waage mit Digitalanzeige. Wie finden Sie die schwerere Kugel, wenn Sie die Waage nur viermal benutzen dürfen?

Aufgabe 18 **
Im Mathetest sollen die Kinder drei natürliche Zahlen addieren, die sämtlich größer als null sind. Hinterher unterhalten sich zwei Schüler. »Oh, ich habe aus Versehen nicht addiert, sondern multipliziert!«, meint das eine Kind. »Das macht nichts, es kommt zufällig dasselbe Ergebnis heraus«, sagt das andere. Mit welchen drei Zahlen haben die Kinder gerechnet?

Aufgabe 19 ***
Finden Sie alle Paare (x;y) reeller Zahlen, die das Gleichungssystem
$x^2 + 4y = 21$
$y^2 + 4x = 21$
erfüllen.

Aufgabe 20 ***
Vererbtes Weingut: Ein Vater möchte seinen drei Kindern 7 volle, 7 halb volle und 7 leere Fässer vermachen. Jedes Kind soll die gleiche Zahl Fässer und die gleiche Menge Wein bekommen – umfüllen ist nicht erlaubt. Wie muss er die Fässer aufteilen?

ID# **Einfach raffiniert:
Was Mathematik
eigentlich ist**

Viele Menschen verwechseln Mathematik mit Rechnen, doch das Einmaleins macht nur einen kleinen Teil des Fachs aus. Mathematik bedeutet vor allem kreatives Denken. Mancher stellt sie deshalb sogar in eine Reihe mit Künsten wie der Malerei und der Musik.

Die Reaktionen mancher Kollegen amüsieren mich immer wieder. Wenn ich ihnen erzähle, dass ich als Kind freiwillig nach der Schule Matheaufgaben gelöst habe, schauen sie mich entgeistert an. »Wirklich?«, fragen sie irritiert und können es kaum glauben. Das Ganze ist durchaus typisch, auch mit Bekannten, die mich noch nicht so gut kennen, erlebe ich immer wieder Ähnliches.

Um es gleich klarzustellen: Ich habe nicht etwa das Lehrbuch oder die zugehörigen Übungshefte durchgeackert. Die Aufgaben stammten von Matheolympiaden, an denen ich damals regelmäßig teilnahm. Ich fand es total spannend, Rätsel zu knacken, die auf den ersten Blick unlösbar erschienen. Oft konnte ich dabei sehr elegante Wege entdecken.

Wir haben im letzten Kapitel gesehen, dass der typische Matheunterricht leider ganz anders aussieht. Es ist daher kaum verwunderlich, dass viele meiner Kollegen und Bekannten Mathe als dröges Fach in Erinnerung haben. Es ist aber noch viel schlimmer: Was bis heute in vielen Schulen im Matheunterricht geschieht, hat mit Mathematik wenig zu tun. Es gleicht eher einer Verhöhnung des Fachs.

Paul Lockhart, ein Mathematiker und Lehrer aus Brook-

> So sonderbar es klingen mag, die Stärke der Mathematik beruht auf der Vermeidung aller unnötigen Gedanken, auf der größten Sparsamkeit der Denkoperationen.
> Ernst Mach (1838–1916), österreichischer Physiker und Philosoph

lyn, hat seine Empörung darüber, wie Kinder Mathematik erleben, in einem lesenswerten Aufsatz zu Papier gebracht. »Lamento eines Mathematikers« heißt der englischsprachige Text, der 2009 als 140-seitiges Buch erschienen ist.

Lockhart beginnt seinen Aufsatz mit einer Fiktion: Ein Musiker hat einen schrecklichen Albtraum. Er lebt in einer Gesellschaft, in der die Musikausbildung verbindlich ist für jedermann. Das klingt zunächst weniger schlimm. Doch die obligatorische Musikausbildung besteht darin, dass die Kinder von früh bis spät Notenblätter beschreiben. »Wir helfen den Schülern, in einer mit immer mehr Tönen gefüllten Welt wettbewerbsfähig zu sein«, lautet das Credo.

Und so büffeln die Kinder Musiktheorie, schließlich sollen sie die Sprache der Musik sicher beherrschen, bevor sie anfangen zu singen oder gar eine Gitarre in die Hand nehmen. Musik hören und selber spielen und erst recht das Komponieren gelten als so anspruchsvoll, dass sie frühestens an der Universität Thema sind.

Weil Kinder das Notenschreiben langweilig finden, müssen viele Eltern für sie eine Musiknachhilfe engagieren. Die Lehrer räumen ein, dass die Schüler eine Menge Stoff lernen müssen. Aber später an der Uni, wenn sie das Aufgeschriebene dann zu Gehör bekommen, würden sie die Arbeit schätzen, die an den Schulen geleistet werde, erklären sie.

Das Ganze klingt so bizarr, dass jeder sofort sagt: Musik auf Notenschreiben reduzieren – das ist einfach undenkbar. So etwas Absurdes würde eine Gesellschaft niemals machen.

Das Dumme ist aber: In der Mathematik geschieht genau dies. Statt kreativ nach eigenen Lösungswegen zu suchen, büffeln Kinder Formeln, die nur wenige wirklich verstanden haben. Die Folgen des Eintrichterns von Lösungstechniken kennen Sie bereits. Da rechnen Kinder ohne nachzudenken Ziegen und Schafe zu Jahren zusammen. Oder sie glauben, dass sie 30 Jahre alt sind, weil sie 10 Bleistifte und 20 Buntstifte in ihrer Schulmappe haben.

Kunst oder Buchhaltung?

Dass Mathematik eine Kunst ist, dürfte diesen Kindern kaum in den Sinn kommen. Sie erleben es ja als ein Fach, in dem sie Aufgaben mithilfe unverstandener Tricks schematisch abarbeiten. Die Ästhetik und Klarheit einer guten mathematischen Idee haben sie nie gespürt – wie auch die meisten Erwachsenen nicht. Und so wird die Mathematik in unserer Kultur bis heute nicht als Kunst anerkannt, obwohl das Fach in einer Reihe stehen sollte mit der Musik und der Malerei.

Dahinter steckt letztlich auch fehlendes Wissen darüber, was Mathematiker eigentlich tun. Diese sind keinesfalls die rationalen Buchhalter, für die sie die meisten Menschen halten. Ihre Arbeit gleiche vielmehr der eines »poetischen Träumers«, sagt Lockhart. Mathematik sei »die reinste Kunst und zugleich die am häufigsten missverstandene«.

Gemeint ist damit übrigens nicht, dass es nur wenigen Auserwählten vergönnt ist, ein wahrer Künstler zu sein. Es geht vielmehr um das kreative, spielerische Element der Mathematik, das weithin unbekannt ist. So wie ein Mensch singen, malen oder tanzen kann, ohne es studiert zu haben, kann er auch kreative mathematische Ideen entwickeln. Und so wie er mit Genuss einem schönen Song aus dem Radio zuhört, kann er auch geniale Winkelzüge aus der Geometrie bewundern, auch ohne sie zwingend selbst entdeckt zu haben.

Ich möchte Ihnen an mehreren Beispielen zeigen, warum Mathematik etwas ganz anderes ist, als viele glauben. Die kleinen Rätsel habe ich in verschiedenen Büchern entdeckt, unter anderem von Martin Gardner und Paul Lockhart. Ich habe sie ausgewählt, weil sie sämtlich sehr leicht zu verstehen sind und zugleich illustrieren, wie wichtig ein genauer Blick auf Probleme und gute Ideen sind.

Ecken verschieben

Beginnen wir mit einer Spielerei mit einem Dreieck. Was kann man damit alles anstellen? Wir können es drehen, spiegeln, auf eine Spitze stellen. Man kann es aber auch in ein passendes Rechteck hineinsetzen – und genau das habe ich hier getan.

Was glauben Sie: Welchen Teil der Fläche des Rechtecks nimmt das Dreieck ein? Ein Drittel? Die Hälfte? Oder mehr als die Hälfte? Stellen Sie sich vor, die Seiten des Dreiecks sind aus Gummi, der um drei Nägel gelegt ist, die genau die drei Eckpunkte bilden. Man könnte dann den oberen Nagel, also die obere Ecke des Dreiecks, auf der oberen Rechteckseite nach links schieben. Was ändert sich dadurch? Belegt das Dreieck dann mehr Platz?

Wenn Sie sich noch an die Flächenformel des Dreiecks erinnern, können Sie die Frage sicher leicht beantworten. Aber es soll hier nicht darum gehen, eine Formel anzuwenden, die Sie irgendwann einmal auswendig gelernt haben. Es geht vielmehr um richtige Mathematik, und die beginnt oft mit einer einfachen und zugleich genialen Idee.

Zeichnen wir doch einfach mal eine zusätzliche Linie in das Dreieck. Sie steht senkrecht auf der Grundlinie und verbindet diese mit der oberen Ecke des Dreiecks. Sehen Sie, was passiert?

Unser ursprüngliches Dreieck wird in zwei kleinere Dreiecke zerlegt. Aber auch das umschließende Rechteck ist nun aufgeteilt in zwei Rechtecke. Jedes dieser beiden Rechtecke wiederum wird von je einer Diagonale halbiert. Diese Diagonalen sind die beiden oberen Seiten unseres Dreiecks. Und nun wissen Sie auch, wie viel Platz das Dreieck im Rechteck belegt: genau die Hälfte. Denn die beiden Diagonalen halbieren die beiden Rechtecke.

Was wir hier gemacht haben, ist tatsächlich Mathematik. Wir haben einfache Fragen gestellt und diese elegant beantwortet – dank einer guten Idee.

Wie kommt man auf eine solche Idee? Zufall? Intuition? Ausprobieren? Erfahrung? Glück? Dieselbe Frage kann man auch einem Maler stellen: Warum dieser Pinselstrich auf dem Gemälde? Was hat ihn dazu gebracht? Die Antwort des Mathematikers Paul Lockhart ist klar: Eine solche Linie im Dreieck und der Pinselstrich auf der Leinwand – beides ist Kunst. Es geht darum, schöne Dinge zu kreieren, beim Malen und in der Mathematik.

Damit das hier nicht untergeht: Bei der Spielerei mit dem Dreieck im Rechteck haben wir die Formel für den Flächeninhalt eines Dreieckes hergeleitet:

$$g \times \frac{h}{2}$$

g ist dabei die Länge der Grundseite, h die Höhe.

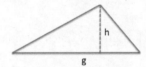

Ganz koscher ist unsere Argumentation aber noch nicht. Denn es gibt ja auch Dreiecke, die anders aussehen als das, womit wir bislang gearbeitet haben. Die obere Ecke kann ja auch außerhalb des Rechtecks liegen, wie hier skizziert.

Funktioniert der Trick mit der Linie dann trotzdem noch? Im Prinzip ja. Wir müssen dann allerdings das Rechteck so weit nach rechts verlängern, dass das Dreieck genau hineinpasst.

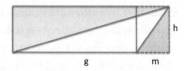

Danach ist es fast genauso leicht wie beim ersten Dreieck. Wir müssen von der Fläche des gesamten Rechtecks, $(g+m) \times h$, die Flächen der beiden grau ausgefüllten Dreiecke abziehen. Das linke graue Dreieck ist genau halb so groß wie das Rechteck, also $(g+m) \times h/2$. Das rechte graue Dreieck ist halb so groß wie das Rechteck mit den Seiten m und h. Insgesamt ergibt sich daher:

$$(g+m) \times h - (g+m) \times \frac{h}{2} - m \times \frac{h}{2} = g \times \frac{h}{2}$$

Die Flächenformel stimmt also auch für unser zweites Dreieck.

Das nächste Beispiel wird Sie noch mehr verblüffen. Wieder geht es um ein einfaches, gut überschaubares Problem. Wir haben zwei Punkte und eine Gerade. Die Punkte liegen auf derselben Seite der Geraden, in der Skizze ist das die rechte Seite. Der Abstand der Punkte von der Geraden soll verschieden sein.

Die Aufgabe besteht darin, auf möglichst kurzem Weg von dem einen Punkt zum anderen zu gelangen und dabei auch die Gerade zu berühren. Offensichtlich sind dabei verschiedene Wege möglich. Welcher aber ist der kürzeste?

Ich empfehle Ihnen, erst noch einmal nicht umzublättern. Denken Sie eine Weile über das Problem nach, spielen Sie ein bisschen damit herum.

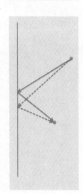

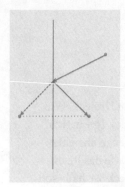

Auch hier löst eine simple Idee all die Schwierigkeiten, die uns die Aufgabe macht. Vielleicht haben Sie versucht, mit dem Satz des Pythagoras die Länge des Weges auszurechnen? Das war auch meine erste Idee, führt aber zu komplizierten Gleichungen.

Es geht viel einfacher, ganz ohne Rechnen. Spiegeln Sie doch einfach mal den unteren der beiden Punkte an der Geraden und schauen Sie sich an, was dann passiert.

Es ist offensichtlich: Der Weg von der senkrechten Geraden hin zum unteren rechten Punkt ist genauso lang wie von der Geraden zum gespiegelten Punkt links. Das folgt automatisch aus der Tatsache, dass der Punkt an der Geraden gespiegelt wurde.

Wir können unsere Aufgabe also auch anders formulieren: Finde den kürzesten Weg vom oberen rechten Punkt zum gespiegelten Punkt unten auf der anderen Seite der Geraden. Und was ist die kürzeste Verbindung zwischen zwei Punkten in der Ebene? Eine Gerade. Also zeichnen wir diese ein und sind fertig.

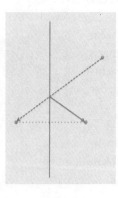

Erkennen Sie die Eleganz und Klarheit dieser Lösung? Das Interessante ist nicht die Lösung an sich, sondern der Weg, auf dem man solche Lösungen findet. Das ist der kreative Prozess, für den im Schulunterricht leider oft weder Zeit noch Verständnis da ist. Dabei macht genau die Suche nach solchen Lösungen die Mathematik aus. Und was für ein tolles Gefühl ist es, den Spiegeltrick selbst entdeckt zu haben!

Von der Ebene in den Raum

Beide hier beschriebenen Beispiele, das umrahmte Dreieck und die Punkte neben der Geraden, sind übrigens zugleich wunderbare Startpunkte für weitere mathematische Erkundungen. Funktioniert das Punktespiegeln auch im dreidimensionalen Raum, wenn es darum geht, auf dem Weg von einem Punkt zu einem anderen eine Ebene zu berühren?

Und wie ist das auf der Erdkugel, bei der es sich bekanntlich um eine gekrümmte Fläche handelt? Ein Flugzeug startet auf der Nordhalbkugel, fliegt zum Äquator und zurück zu einem anderen Ort auf der Nordhalbkugel. Wie verläuft die kürzeste Flugroute?

Bei der Flächenformel des Dreiecks drängt sich die Frage auf: Kann man auf ähnliche Weise vielleicht auch das Volumen von Pyramiden berechnen? Genau solche Fragen sind es, die das Wesen der Mathematik ausmachen. Rätseln, spekulieren, entdecken, scheitern, weiterfragen.

Keine Frage: Kinder müssen gewisse Formalismen lernen, weil diese auch die Arbeit erleichtern. Mathematisches Denken ist jedoch nicht zwingend an Formeln und abstrakte Schreibweisen geknüpft. Warum soll man sich mit komplizierten Ausdrücken quälen, wenn es auch ohne geht? Wie bei der folgenden Logikaufgabe, die nur mit Raffinesse zu knacken ist.

Münzfälschung gesucht

Sie haben 9 Ein-Euro-Stücke bekommen. Eine der Münzen ist jedoch eine Fälschung, sie ist minimal schwerer als die übrigen 8. Durch Wiegen sollen Sie den falschen Euro finden. Die

Waage besteht ganz klassisch aus zwei Schalen – Sie können damit also nur Gewichte vergleichen. Finden Sie die Fälschung in zwei Wägungen!

Wenn Sie eine beliebige Münze nehmen und diese nacheinander mit den 8 anderen vergleichen, brauchen Sie Glück, um die gesuchte Münze in zwei Wägungen zu finden. Nur wenn die zuerst ausgewählte Münze oder eine der zwei damit verglichenen zufällig das gesuchte Eurostück ist, finden Sie es auch nach höchstens zwei Wägungen.

Einzeln abwiegen ist offensichtlich keine gute Strategie. Was können wir stattdessen noch tun? Wir legen einfach mehrere Münzen zusammen in jede Waagschale. Mein erster Gedanke beim Lesen dieser Aufgabe war, vier auf jede Seite zu legen. Wenn beide Seiten gleich schwer sind, ist Münze Nummer 9 die gefälschte und ich bin fertig. Wenn eine Seite schwerer ist, weiß ich zumindest, unter welchen vier Münzen die gesuchte ist. Mit einer einzigen Wägung, die mir noch bleibt, finde ich die Fälschung so jedoch nicht.

> Ein Mathematiker, der nicht irgendwie ein Dichter ist, wird nie ein vollkommener Mathematiker sein.
> Karl Weierstraß (1815–1897), deutscher Mathematiker

Nächster Versuch: Wir legen nur drei Münzen in jede Waagschale. Wenn die Münzen 1 bis 3 und die Münzen 4 bis 6 gleich schwer sind, muss die Fälschung unter den Eurostücken 7 bis 9 sein. Neigt sich die Waage hingegen zu einer Seite, zum Beispiel zu den Münzen 1 bis 3, dann ist dort auch die schwerste Münze. Mit nur einer Messung habe ich also von neun Münzen jene drei identifiziert, unter denen sich die Fälschung befinden muss.

Bei der zweiten Wägung gehe ich im Prinzip noch mal genauso vor. Ich nehme zwei der drei Münzen und vergleiche sie. Ist eine schwerer, dann ist die Fälschung gefunden. Zeigt die Waage Gleichstand, muss die dritte, nicht auf der Waage liegende Münze die schwerere sein.

Das ist eigentlich ganz einfach – aber man muss eben erst mal drauf kommen! Ich weiß nicht, wie es Ihnen geht, aber ich freue mich immer aufs Neue, wenn ich solch einen Trick verstanden oder gar selbst gefunden habe. Sie haben sicher auch schon gemerkt, dass es beim Knobeln auch darum geht, ausgetretene Pfade zu verlassen und anders zu denken – mehr dazu in den kommenden beiden Kapiteln.

Scheibchen schieben

Wie man mit einfachsten Mitteln durchaus anspruchsvolle Mathematik treiben kann, zeigt das folgende Spiel mit kleinen Plättchen. Wer den Unterschied zwischen einer geraden und einer ungeraden Zahl verstehen möchte, braucht nur ein paar Münzen oder einen Satz bunter Plättchen, mit denen im Kindergarten zählen und rechnen gelernt wird. Bei einer geraden Zahl kann man die Plättchen in einer Doppelreihe anordnen. Bei einer ungeraden Anzahl klappt das nicht, stets bleibt ein Plättchen übrig.

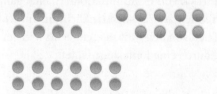

Zwei ungerade Zahlen wiederum fügen sich wunderbar zusammen zu einer geraden Zahl – das ist offensichtlich. Schauen wir weiter: Wie ist es, wenn wir versuchen, die Plättchen in Dreierreihen zu legen? Was kann dabei passieren? Was sagt das aus über Zahlen und ihre Teilbarkeit durch drei? Ich beantworte die Fragen hier bewusst nicht. Finden Sie es einfach selbst heraus.

Wir können mit den Plättchen aber auch jene Aufgabe lösen, die der kleine Gauß einst von seinem Lehrer gestellt bekam. Addieren Sie die Zahlen von 1 bis 100. Wir erleichtern uns das Ganze zuerst einmal, indem wir nur die Zahlen von 1 bis 10 addieren. Mit Plättchen sieht das Problem folgendermaßen aus:

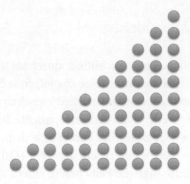

Die Frage lautet nun: Wie viele Plättchen liegen auf dem Tisch? Der Trick von Gauß funktioniert auch ganz anschaulich. Wir trennen zunächst gedanklich die linken fünf senkrechten Reihen von den fünf Reihen rechts – in der folgenden Zeichnung durch eine Linie angedeutet.

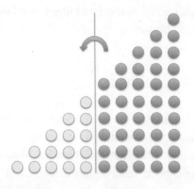

Dann nehmen wir alle Plättchen rechts und drehen sie als Gesamtheit um 180 Grad nach links. Diese nun gedrehten Plättchen passen haargenau auf die anderen fünf.

Was entsteht, ist ein Rechteck aus 5 × 11 = 55 Plättchen, womit die Aufgabe gelöst ist. Sie sehen, wie hilfreich es sein kann, Probleme zu visualisieren. Plötzlich erkennt man, dass zwei Teile perfekt zusammenpassen – genau wie zwei ungerade Zahlen sich stets zu einer geraden Zahl fügen.

Wir können die Plättchenlösung nun von 1 bis 10 auf 1 bis 100 erweitern und damit die Aufgabe von Gauß lösen. Die Trennlinie ziehen wir dann statt zwischen den Reihen 5 und 6 zwischen der 50. und der 51. Reihe. Wenn wir die rechte Hälfte wieder um 180 Grad nach links drehen, erhalten wir ein Rechteck aus 50 × 101 = 5050 Plättchen.

Ich weiß nicht, ob Gauß den Einfall zu seiner genialen Lösung bekam, weil er sich die Aufgabe geometrisch vorstellte, so wie wir das gerade getan haben. Womöglich hat er auch einfach nur mit Zahlen gearbeitet. Ich finde die geometrische

Lösung auf jeden Fall besonders hübsch, weil sie keiner weiteren Erklärung bedarf.

Der perfekte Schnitt

Ein genialer Einfall ist auch bei der letzten Knobelaufgabe dieses Kapitels gefragt. Sie wollen ein quadratisches Blatt in neun identische kleinere Quadrate zerschneiden, also von links nach rechts und von oben nach unten dritteln. Mit vier geraden Scherenschnitten ist die Arbeit getan – siehe Zeichnung.

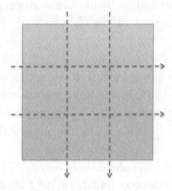

Die Frage lautet nun: Gelingt das Zerschneiden auch mit weniger als vier geraden Schnitten? Sie dürfen dabei einzelne Papierstücke für einen Schnitt beliebig übereinanderlegen – nur Falten und Verbiegen des Papiers sind nicht erlaubt. Auch hier empfehle ich Ihnen vor dem Weiterlesen, erst einmal selbst nachzudenken.

Das Verblüffende an der Lösung ist, dass man keinerlei Skizzen oder komplizierte Argumentationen braucht. Es reicht allein ein Hinweis: Schauen Sie sich das kleine Quadrat in der Mitte des großen Quadrats an. Es hat vier Seiten, jede dieser Seiten erfordert einen Scherenschnitt, also braucht man auch mindestens vier Schnitte, um das gesamte Quadrat zu dritteln.

Ich wünschte, Mathematik wäre immer so einfach!

Diese Aufgabe existiert übrigens auch in einer 3-D-Version. Sie wollen einen Holzwürfel in 27 identische kleinere Würfel zersägen. Auch hier wird gedrittelt – und zwar sechsmal nacheinander. Aber kann man den Würfel vielleicht auch mit weniger als sechs Schnitten zerlegen? Auch hier dürfen Einzelteile zusammengelegt und gemeinsam zersägt werden. Sehen Sie die Lösung?

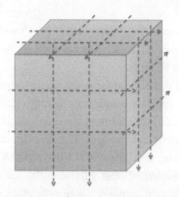

Mathematik kann, das dürften die letzten Beispiele gezeigt haben, ganz anders sein als im Schulunterricht. Knobeln, Ausprobieren, kreatives Nachdenken – das macht vielen Menschen großen Spaß. Ja, und es ist ein tolles Gefühl, wenn man ein schwieriges Rätsel geknackt hat.

Ist Ihnen aufgefallen, dass dabei kaum jemand nach einem tieferen Sinn oder möglichen praktischen Anwendungen des Rätsels fragt? Warum auch, wenn es einfach nur Spaß macht!

Dies kann man auch im Mathematikum in Gießen beobachten – einem Mitmachmuseum, das Albrecht Beutelspacher gegründet hat. Das Gebäude ist vollgestopft mit Puzzles, Rätseln und Experimenten. Die Kinder, meist kommen sie als Schulklasse, stürzen sich regelrecht darauf. Viele der Aufgaben sind sehr anspruchsvoll. Doch das motiviert die Kinder umso mehr: Mancher legt eine Viertelstunde lang Klötze immer wieder aufs Neue zusammen, bis der gesuchte Körper endlich fertig ist.

> Der Ingenieur denkt, dass seine Gleichungen eine Annäherung an die Realität sind. Der Physiker denkt, dass die Wirklichkeit eine Näherung seiner Gleichungen ist. Dem Mathematiker ist das alles egal.

»Die Freude der Kinder ist riesig, wenn sie es geschafft haben«, sagt Beutelspacher. »Solche Erfolgserlebnisse stärken auch die Persönlichkeit.« Im Mathematikum ist dem Matheprofessor übrigens auch aufgefallen, dass nicht nur einzelne Mathebegeisterte, sondern alle Kinder einer Klasse oder einer Kita mitmachen. Selbst Mathemuffel können sich den spannenden Rätseln offenbar nicht entziehen. Für den großen Erfolg des Gießener Mathemuseums – jährlich kommen 150 000 Besucher –, aber auch von Zahlenrätseln wie Sudoku hat Beutelspacher eine einfache Erklärung: »Das erinnert alles nicht an Schule.«

Ich wünsche mir, dass sich Kinder im Matheunterricht öfter an Rätseln versuchen, wie ich sie hier vorgestellt habe und wie sie auch im Mathematikum zu finden sind. Dann würden sie womöglich anfangen, gemeinsam zu diskutieren. Worin besteht das Problem? Wie könnte man es angehen?

Mathematik wäre dann genauso spannend wie das Leben insgesamt: Man sucht nach einem Weg, den man nicht genau kennt. Und überall lauern Überraschungen.

Aufgabe 21 * *
Paul hat folgende Methode für das Quadrieren zweistelliger Zahlen entdeckt.

67²
42
3649
42
4489

Erklären Sie diese Methode und berechnen Sie auf die gleiche Weise 59², 82² und 19². Warum funktioniert dieses Rechenverfahren?

Aufgabe 22 * *
Ein Mann will in einem kreisrunden See schwimmen. Er springt am Ufer ins Wasser und krault genau 30 Meter nach Osten, bis er das Ufer erreicht. Dann wendet er sich nach Süden und krault weiter. Nach 40 Metern erreicht er wiederum das Ufer. Welchen Durchmesser hat der See?

Aufgabe 23 * * *

Finden Sie alle dreistelligen Primzahlen, bei denen die erste Ziffer um eins größer ist als die mittlere und die letzte Ziffer um zwei größer als die mittlere.

Aufgabe 24 * * *

In einer Schokoladenfabrik ist etwas schiefgelaufen. In einer von drei Paletten wiegen sämtliche Tafeln nicht 100 Gramm, sondern 102 Gramm. Aber niemand weiß, bei welcher der drei Paletten das Malheur passiert ist. Sie haben eine digitale Präzisionswaage, dürfen diese aber nur ein einziges Mal benutzen. Wie finden Sie den Stapel mit den zu schweren Tafeln?

Aufgabe 25 * * * *

Ein Casanova hat zwei Geliebte und kann sich nicht entscheiden, welche er lieber besucht. Also lässt er den Zufall entscheiden. Weil die Frauen an entgegengesetzten Endpunkten der S-Bahn-Linie wohnen, nimmt er einfach immer die Bahn, die zuerst kommt. In beiden Richtungen fahren die S-Bahnen im Zehn-Minuten-Takt. Nach zwei Monaten stellt er jedoch fest, dass er bei der einen Geliebten 24-mal, bei der anderen jedoch nur 6-mal war. Wie kann das sein?

Mathematik: Dem Wahren und Schönen gewidmet

Was ist schön – und was eher nicht? Worüber Künstler, Philosophen und Designer gern ausgiebig debattieren, ist für Mathematiker kaum Anlass für Streit. Elegante mathematische Ideen erkennen sie auf Anhieb: an ihrer Leichtigkeit und an ihrer Klarheit.

Wenn Menschen mit leuchtenden Augen von einer Sache berichten, dann muss es sich um etwas ganz Besonderes handeln: ein tolles Geschenk, eine große Überraschung, ein außergewöhnliches Erlebnis. Als Physikstudent saß ich vor 20 Jahren in einer Vorlesung und schaute in die leuchtenden Augen eines Professors. Der Mathematiker schwärmte für den Beweis des sogenannten Igeltheorems.

Das Igeltheorem ist relativ leicht zu verstehen: Wenn sich ein Igel zu einer Kugel zusammenrollt und er dabei alle Stacheln anlegt, dann gibt es mindestens eine kahle Stelle. An diesem Punkt zeigen eng beieinanderliegende Stacheln in verschiedene Richtungen, genau wie beim Haarwirbel auf unserem Kopf. Im Englischen heißt der Satz deshalb auch *Hairy ball theorem*. Übersetzt in die Alltagssprache lautet er: Egal wie man die Haare kämmt, auf einer vollständig behaarten Kugel gibt es immer mindestens einen Wirbel.

90 Minuten und diverse vollgeschriebene Tafeln brauchte mein Matheprofessor, um das Igeltheorem zu beweisen. Es war also keinesfalls ein einfacher Beweis, aber trotzdem machte es ihm große Freude, uns Studenten den Weg zu zeigen. Weil es ein schöner Beweis für einen verblüffenden Satz war.

Was aber ist Schönheit in der Mathematik eigentlich? Ich vergleiche das Fach gern mit Fußball. Hier wie da müssen die Aktiven bestimmte Grundtechniken beherrschen und die Regeln kennen. Wer den Ball im Netz versenken will, sollte nicht nur eine einzige Schusstechnik draufhaben. Meist geht es um Vollspann oder Innenrist. Es gibt aber auch Situationen, in denen der technisch anspruchsvollere Fallrückzieher die beste Wahl ist.

Ganz ähnlich ist es in der Mathematik. Das Einmaleins gehört zu den Basics, ebenso das Wissen darüber, was eine Primzahl und ein Dreieck sind. Wer noch binomische Formeln und den Satz des Pythagoras kennt, hat mehr Möglichkeiten, Probleme zu lösen. Und natürlich gibt es Situationen, in denen Differenzieren und Integrieren gefragt sind – quasi als Fallrückzieher.

Jetzt ahnen Sie wahrscheinlich schon, wie schöne Spielzüge auf dem Rasen sowie elegante Mathematik entstehen. Indem man einzelne Techniken aus dem großen Reservoir des Bekannten und Erlernten kreativ neu kombiniert – am besten so, wie es keiner erwartet. Im Fußball kann ein Team auf diese Weise schnell mal eine erfahrene Abwehr aushebeln, in der Mathematik ergibt sich daraus vielleicht eine geniale Lösung für ein bis dato unlösbares Problem. Mitunter entdecken Fußballer und Mathematiker sogar einen ganz neuen Trick, den bis dahin niemand kannte.

Fast wie Fußball

Es ist klar, dass viel Übung Vorteile bringt. Der Profi ist sicherer im Spiel oder im Beweisen, zudem beherrscht er viel mehr Techniken als der Gelegenheitskicker oder Hobbymathematiker. Aber trotzdem muss niemand beim FC Barcelona unter Vertrag sein, um Spaß am Fußball zu haben. Auch in der Kreisklasse freuen sich Spieler über ein Tor oder einen gelungenen Pass. Und genauso kann jeder Spaß mit Mathematik haben.

Wenn es um die Einschätzung von Eleganz geht, enden jedoch die Ähnlichkeiten von Fußball und Mathematik. Fans können sich nur selten einigen, wer den schönsten Fußball spielt. Die meisten sagen natürlich: unsere Mannschaft. Aber selbst ausgewiesene Experten, deren Herz nicht für ein bestimmtes Team schlägt, haben verschiedene Ansichten, was ein elegantes Spiel auszeichnet. Der eine mag schnelles, direktes Spiel. Der nächste steht auf Hackentricks und brasilianischen Ballzauber. Und der dritte begeistert sich für die scheinbar endlosen Ballstafetten, mit denen die spanische Nationalmannschaft in den vergangenen Jahren nahezu sämtliche Gegner um den Verstand gespielt hat.

Was Schönheit ist, darüber streiten nicht nur Fußballfans, sondern auch Philosophen, Künstler, Kunstwissenschaftler und Psychologen – und zwar seit Jahrhunderten. In der Mathematik ist das anders. Wenn ein Mathematiker sagt: »Das ist ein wunderbar eleganter Beweis«, dann wird er bei Kollegen kaum auf Widerspruch stoßen. Ist das nicht kurios?

Offenbar gibt es unter Mathematikern einen Konsens darüber, was Schönheit ist. Den eindeutigen Kriterienkatalog dafür sucht man jedoch vergebens. Die einen schwärmen für das überraschend Einfache, die anderen für Klarheit oder Kürze. Für den Berliner Mathematiker Martin Aigner ist es der Dreiklang aus Transparenz, Stringenz und Leichtigkeit, der einen mathematischen Beweis elegant macht. Aigner hat sicher etwas andere Vorstellungen von einem transparenten und leichten Beweis als der Laie – aber im Grundsatz wird man ihm kaum widersprechen können.

Ein Beweis zeigt die Richtigkeit einer Aussage. Nicht selten sind Beweise lang und umständlich. Ich möchte Ihnen mit einem einfachen Vergleich verdeutlichen, wie ich mir einen schönen, eleganten Beweis vorstelle. Stellen Sie sich vor, Sie stehen auf einem Berg und Sie sollen einen Felsbrocken den Berg hinunterrollen, der neben Ihnen liegt. Das Problem: Ihre Kraft reicht einfach nicht, um den Koloss zu bewegen. Sosehr Sie auch schieben und rütteln, der Fels bewegt sich kaum einen Millimeter.

Frustriert gehen Sie um den Brocken herum und sehen plötzlich auf der Rückseite, dass ein kleiner Stein unter dem Felsen klemmt, der verhindert, dass er ins Rollen kommt. Und dieser kleine Stein ist der Schlüssel zur Lösung! Sie versuchen nicht mehr, den Felsen aus eigener Kraft ins Rollen zu bringen – Sie rütteln vielmehr nur ein bisschen an ihm, um dabei schnell den kleinen Stein wegzuziehen. Danach rollt der Koloss ganz von allein los. Statt den großen Felsen über ein kleines Hindernis zu rollen, nehmen Sie einfach das kleine Hindernis weg. Das ist clever, denn es spart eine Menge Kraft. Und genauso funktioniert für mich ein eleganter Beweis. Was schwierig bis unlösbar erscheint, wird plötzlich einfach.

Der britische Zahlentheoretiker Godfrey Harold Hardy (1877–1947) erklärte das Fach Mathematik sogar für generell schön. Was nicht schön ist, hat seiner Meinung nach keinen Bestand: »Es gibt keinen dauerhaften Platz für Hässliches in der Mathematik.«

Was aber meinte Hardy, wenn er vom Hässlichen in der Mathematik sprach? Ich glaube, genau dasselbe, was wir alle denken: Zusammenhänge bleiben unklar, der rote Faden einer Argumentation fehlt, Erläuterungen wirken umständlich.

Glaube an die Schönheit

Ein außergewöhnlicher Mathematiker, der sich ganz besonders für schöne Beweise interessierte, war Paul Erdös (1913–1996). Er erzählte zum Beispiel, dass manche Beweise wunderschön seien, aber einen kleinen Makel hätten. Sie seien nämlich leider auch falsch.

Erdös glaubte ähnlich wie Hardy fest daran, dass es eigentlich immer einen eleganten, richtigen Beweis geben muss. Er sprach sogar von einem Buch, in dem der liebe Gott alle seine perfekten Beweise gesammelt hat. »Man muss nicht an Gott glauben«, meinte er, »aber als Mathematiker sollte man an die Existenz des Buches glauben.«

Erdös starb, bevor er dieses Buch selbst fertigstellen konnte. Günter Ziegler und Martin Aigner haben die Idee des ungarischen Mathematikers 2002 umgesetzt. »Das BUCH der Beweise« heißt ihr Werk. Leider sind die meisten darin gesammelten Beweise für Laien zu schwer. Ein Grundstudium der Mathematik wird in den meisten Kapiteln vorausgesetzt. Aber zumindest einen Beweis aus dem Buch möchte ich Ihnen in diesem Kapitel vorstellen. Er ist ein Klassiker:

Satz: Es gibt unendlich viele Primzahlen.

Wie beweist man das am besten? Ich könnte versuchen, alle Primzahlen durchzunummerieren. Dabei stelle ich dann womöglich fest, dass das Ganze einfach kein Ende nimmt. Aber wie lange soll das dauern? Wenn es tatsächlich unendlich viele Primzahlen sind, unendlich lang. So kriegt man den Beweis nicht hin, das ist schon mal klar. Wie also weiter?

Statt das Problem direkt zu lösen, gehen wir indirekt vor –

> Wer die Geometrie begreift, vermag in dieser Welt alles zu verstehen.
> Galileo Galilei (1546–1642), italienischer Forscher

quasi hintenherum. Einbrecher machen es im Grunde genauso: Sie knacken nicht etwa das dicke Schloss an der Hauseingangstür. Nein, sie gehen zur Rückseite des Hauses und finden dort ein offenes Kellerfenster, von dem sie nur noch das Gitter abschrauben müssen.

Bei einem indirekten Beweis beweisen wir eine Aussage nicht direkt – wir widerlegen stattdessen ihr Gegenteil. Dass indirekte Beweise überhaupt möglich sind, liegt an der logischen Konsistenz der Mathematik. Eine Aussage ist entweder richtig oder falsch. Und sich widersprechende Aussagen können nicht zugleich wahr sein.

Zurück zu den Primzahlen. Wir versuchen das Problem nicht direkt zu lösen, weil wir es dann ja mit der Unendlichkeit zu tun bekommen. Wir nehmen vielmehr an, dass der Satz nicht stimmt, es also nur endlich viele Primzahlen gibt. Und dann schauen wir, ob das wirklich zutreffen kann.

Wenn es nur endlich viele Primzahlen gibt, dann sagen Mathematiker gern auch, es gibt n Primzahlen. Wie groß n ist, spielt dabei erst mal keine Rolle. Diese n Primzahlen nennen wir $p_1, p_2, p_3, \ldots, p_n$.

Nun bilden wir das Produkt

$$p_1 \times p_2 \times p_3 \times \ldots \times p_n$$

Das ist eine natürliche Zahl mit einer interessanten Eigenschaft: Sie ist durch jede der n Primzahlen $p_1, p_2, p_3, \ldots, p_n$ teilbar. Denn die Zahl ist ja das Produkt all dieser Primzahlen. Beispielsweise ist $2 \times 3 \times 5 = 30$ natürlich durch 2, 3 und 5 teilbar.

Jetzt kommt der eigentliche Trick dieses indirekten Beweises: Wir addieren zu dem Produkt der n Primzahlen noch die Zahl 1 hinzu.

$$p_1 \times p_2 \times p_3 \times \ldots \times p_n + 1$$

Diese Zahl ist ebenfalls eine natürliche Zahl. Allerdings ist sie durch keine der n Primzahlen teilbar, sie lässt bei der Division vielmehr immer den Rest 1. Um noch einmal das Beispiel 2, 3, 5 aufzugreifen: $2 \times 3 \times 5 + 1 = 31$. Die Zahl 31 ist weder durch 2, 3 noch durch 5 teilbar.

Was folgt aus den Überlegungen? Weil $p_1 \times p_2 \times p_3 \times \ldots \times p_n + 1$ durch keine der n Primzahlen teilbar ist, muss diese Zahl selbst eine Primzahl sein, die nicht in $p_1, p_2, p_3, \ldots, p_n$ enthalten ist – oder sie ist das Produkt mehrerer Primzahlen, die nicht zu den n vorgegebenen Primzahlen gehören.

Das widerspricht jedoch unserer Annahme, dass nur n Primzahlen existieren. Also ist die Annahme, dass es endlich viele Primzahlen gibt, falsch. Wir haben ja gerade gezeigt, wie man aus n Primzahlen quasi eine weitere Primzahl konstruiert. Das bedeutet wiederum, dass es unendlich viele davon gibt. Damit ist der Satz bewiesen.

Die Kürze dieses Beweises beeindruckt mich immer wieder. Seine Eleganz besteht darin, dass man sich nicht etwa mit unendlich vielen Primzahlen herumschlägt, was ja ohnehin unmöglich ist. Vielmehr zeigen wir in zwei Zeilen, nämlich

$$p_1 \times p_2 \times p_3 \times \ldots \times p_n$$

und

$$p_1 \times p_2 \times p_3 \times \ldots \times p_n + 1,$$

dass es nicht nur endlich viele Primzahlen geben kann. Das ist sehr geschickt!

Der Satz des Pythagoras

Der nächste elegante Beweis kommt aus der Geometrie: Es geht um den Satz des Pythagoras. Sie kennen ihn sicher noch aus der Schule. In einem rechtwinkligen Dreieck gilt

$$a^2 + b^2 = c^2$$

Dabei sind a und b die Katheten, also die Seiten, die den rechten Winkel bilden, c ist die sogenannte Hypotenuse.

Es ist übrigens nicht geklärt, ob der Namensgeber Samos von Pythagoras die berühmte Gleichung $a^2 + b^2 = c^2$ ganz allein entdeckt und bewiesen hat oder ob er zumindest die Gleichung aus anderen Quellen kannte. Denn schon die alten Babylonier wussten von der Formel und wendeten sie an.

Wie dem auch sei: Für den Klassiker existieren viele verschiedene Beweise. Eine Variante, die mir besonders gut gefällt, möchte ich hier vorstellen. Sie basiert allein auf den Flächenformeln für Quadrat und Dreieck.

Ich nehme das rechtwinklige Dreieck gleich vier Mal und lege die vier Dreiecke wie in der Zeichnung links zu sehen zu

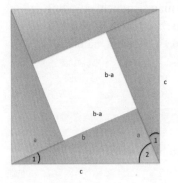

einem Quadrat zusammen. Die vier Hypotenusen der Länge c bilden die Kanten des Quadrats. Die längere der beiden Katheten nennen wir b, die kürzere a.

Zunächst die Frage: Passen die vier Dreiecke tatsächlich so lückenlos zusammen, wie in der Zeichnung zu sehen? Um das zu prüfen, müssen wir die Summe der beiden

Winkel 1) und 2) berechnen – schließlich müssten sie gemeinsam genau 90 Grad ergeben, um die Ecke eines Quadrats zu bilden.

In unserem rechtwinkligen Dreieck gilt wie in allen Dreiecken, dass die Summe der Innenwinkel 180 Grad ergibt. Also gilt

1) + 2) + 90° = 180°

Daraus folgt, wenn wir auf beiden Seiten 90 Grad abziehen:

1) + 2) = 90°

Es stimmt also, die Dreiecke passen, wie in der Zeichnung zu sehen, ohne Lücke und ohne Überlappung zusammen.

Jetzt berechnen wir die Fläche des Quadrats – und zwar einmal über die Kantenlänge c und einmal als Summe der Fläche der vier rechtwinkligen Dreiecke (in der Zeichnung grau) plus der Fläche des weißen, nach links geneigten Quadrats in der Mitte mit der Seitenlänge b – a. Die Fläche des rechtwinkligen Dreiecks beträgt ab/2.

$$A = c^2$$

$$A = (b-a)^2 + \frac{4ab}{2}$$

Mit der binomischen Formel $(b-a)^2 = a^2 + b^2 - 2ab$ ergibt sich daraus:

$$c^2 = a^2 + b^2 - 2ab + \frac{4ab}{2}$$

$$c^2 = a^2 + b^2$$

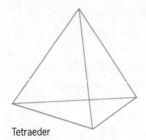

Tetraeder

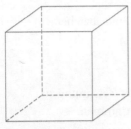

Hexaeder

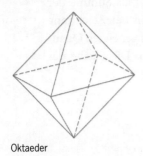

Oktaeder

Fertig ist der Beweis! Wir haben nicht mehr getan, als vier Dreiecke in der Ebene geschickt zusammengelegt und Flächen berechnet.

Streng platonisch

Bislang haben wir uns mit zweidimensionalen Problemen beschäftigt. Beim nächsten Problem verlassen wir die Ebene und begeben uns in den dreidimensionalen Raum. Sie haben sicher schon einmal von den Platonischen Körpern gehört. Dazu gehören unter anderem das Tetraeder, eine dreieckige Pyramide, und der Würfel.

Platonische Körper sind aus regelmäßigen Vielecken aufgebaut. Das sind zum Beispiel gleichseitige Dreiecke wie beim Tetraeder oder Quadrate wie beim Würfel. Zudem ist die Zahl der abgehenden Kanten an jeder Ecke gleich. Es gibt nur fünf verschiedene Platonische Körper. Ihre griechischen Namen verraten, wie viele Seitenflächen sie haben:

- Tetraeder (Vierflächner aus vier Dreiecken)
- Hexaeder (Sechsflächner aus sechs Quadraten, also Würfel)
- Oktaeder (Achtflächner aus acht Dreiecken)
- Dodekaeder (Zwölfflächner aus zwölf Fünfecken)
- Ikosaeder (Zwanzigflächner aus zwanzig Dreiecken)

Nun die Frage: Warum gibt es nicht mehr als diese fünf Platonischen Körper?

Die Aufgabe erscheint zunächst kompliziert. Warum soll ich nicht aus 60 oder 80 gleichseitigen Dreiecken einen geschlossenen räumlichen Körper bauen können? Warum nicht aus regelmäßigen Siebenecken?

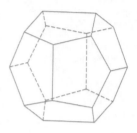

Dodekaeder

Die Lösung ist wie so oft verblüffend einfach. Wir schauen uns einfach mal genauer an, was in den Ecken der Platonischen Körper geschieht. Dort stoßen die Ecken von mindestens drei Seitenflächen zusammen. Beim Tetraeder, Würfel und Dodekaeder (Fünfecken) sind es genau drei, beim Oktaeder vier und beim Ikosaeder fünf.

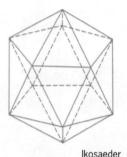

Ikosaeder

Ich kann die Seitenflächen einer solchen Ecke wie einen Bastelsatz aus Papier in die Ebene abwickeln – das Ergebnis sieht dann wie auf der Folgeseite aus.

Um die Ecke zusammenzubauen, knickt man die Kanten alle einmal leicht und gibt etwas Leim auf den weißen Streifen. Diesen klebt man dann unter die gegenüberliegende Kante.

Wenn man sich diese abgewickelten Ecken genauer anschaut, fällt auf, dass in allen fünf Fällen eine Lücke klafft. Das muss auch so sein, denn sonst könnte man die Polygone ja nicht zu einer räumlichen Ecke zusammenfügen. Alle von der Ecke ausgehenden Kanten müssen dabei leicht geknickt werden, damit sich die Lücke schließt. Anders ausgedrückt: Die Summe der Innenwinkel der an einer Ecke zusammen-

Tetraeder

Oktaeder

Ikosaeder

stoßenden n-Ecke muss kleiner als 360 Grad sein.

Jetzt ahnen Sie vielleicht schon, warum es nicht mehr als drei Platonische Körper gibt, die aus gleichseitigen Dreiecken bestehen. Beim Tetraeder stoßen an einer Ecke drei Dreiecke zusammen – die Summe der Innenwinkel ist $3 \times 60 = 180$ Grad. Beim Oktaeder sind es vier Dreiecke und $4 \times 60 = 240$ Grad, beim Ikosaeder fünf Dreiecke und $5 \times 60 = 300$ Grad. Kommt noch ein Dreieck dazu, erreicht die Winkelsumme 360 Grad – das ist zu viel.

Aus Quadraten können wir nur einen Würfel bauen, bei dem eine Ecke aus drei Quadraten gebildet wird ($3 \times 90 = 270$). Bei vier Quadraten beträgt die Winkelsumme 360 Grad – ebenfalls zu viel für einen Platonischen Körper. Die Innenwinkel des regelmäßigen Fünfecks sind 108 Grad groß. Mit drei solcher Fünfecke liegt die Winkelsumme noch unter 360 Grad, bei vier übersteigt sie die Grenze – weitere Platonische Körper aus Fünfecken sind also ausgeschlossen.

Aber es gibt ja nicht nur Dreiecke, Quadrate und Fünfecke. Wie sieht es mit regelmäßigen Sechsecken aus? Ihre Innenwinkel sind genau 120 Grad groß. Drei an den Ecken zusammengelegte Sechsecke lassen deshalb keine Lücke – sie bedecken die Ebene komplett – siehe Zeichnung rechts. Dadurch kann auch keine räumliche Ecke entstehen, die man bei Platonischen Körpern zwangsläufig braucht.

Beim regelmäßigen Siebeneck entsteht erst recht keine Lücke – im Gegenteil. Die Innenwinkel bei ihm sind größer als 120 Grad. Legt man drei Siebenecke in der Ebene an den Ecken zusammen, entsteht eine Überlappung – ein räumlicher Körper kann so erst recht nicht entstehen. Und diese Aussage gilt für alle regelmäßigen n-Ecke ab n = 7.

Würfel

Damit haben wir mit einem Bastelbogentrick gezeigt, dass es nicht mehr als die fünf bekannten Platonischen Körper geben kann. Der Beweis ist schon etwas schwieriger zu verstehen als etwa beim Satz des Pythagoras. Aber er fordert unser räumliches Denken heraus und nutzt elementare Erfahrungen im Umgang mit Papier und Leim, die wir schon als Kind gemacht haben. Deshalb gefällt mir der Beweis auch so gut.

Dodekaeder

Als ich kürzlich nahe Kopenhagen das Museum für Moderne Kunst in Arken besucht habe, kamen mir allerdings kurz Zweifel, ob es nicht vielleicht doch noch mehr Platonische Körper gibt. Schauen Sie sich das Foto auf der nächsten Seite einmal genau an.

Körper aus Sechsecken

Das Klettergerüst, das aus regelmäßigen Sechsecken zusammengesetzt scheint, steht als Kunstwerk neben dem Museum. Es stammt von dem Isländer Olafur Eliasson. Die Sechsecke bilden ein Stück der Oberfläche einer Kugel, die größtenteils unter der Erde liegt – so wirkt es zumindest. Ich habe gar nicht erst angefangen zu zählen, aus wie vielen Sechsecken das Gerüst besteht. Mir wurde nämlich ziemlich schnell klar, dass es sich nicht um einen Platonischen Körper handeln kann.

Skulptur in Arken bei Kopenhagen: scheinbar platonisch

Denn die Sechsecke können nicht regelmäßig sein, ansonsten würde man die Krümmung der Kugeloberfläche ja gar nicht hinbekommen. Die Abweichung vom regulären Sechseck mit sechs gleich langen Seiten ist jedoch nur minimal, sodass sie uns beim Betrachten kaum auffällt. Zudem enthält die Konstruktion auch Fünfecke, was auf dem Foto kaum zu erkennen ist.

Cantors genialer Schachzug

Beim Primzahlbeweis zu Beginn des Kapitels haben wir die Unendlichkeit geschickt umgangen. Jetzt kommen wir zu einem Beweis, der davor nicht zurückschreckt. Der Hallenser Mathematiker Georg Cantor hat vor über hundert Jahren die Mengenlehre begründet. Sie kennen sicher die Menge der natürlichen Zahlen oder die Menge aller gebrochenen oder auch rationalen Zahlen. Cantor interessierte sich auch dafür, ob eine Menge mächtiger ist als eine andere.

Mit »mächtig« meinte Cantor nicht etwa den Umfang oder die Masse der Zahlen, sondern etwas anderes. Zwei Mengen sind gleich mächtig, wenn ihre Elemente einen Tanzball veranstalten können, bei dem niemand frustriert zuschauen muss, weil er keinen Partner gefunden hat. Ein Tanzpaar setzt sich aus einem Element der ersten und einem der zweiten Menge zusammen. Bei gleich mächtigen Mengen findet jedes Element beider Mengen einen Tanzpartner – und keiner bleibt übrig.

Wenn 50 Mädchen auf 30 Jungs treffen, dann funktioniert das nicht. Die Menge der Mädchen ist nämlich mächtiger als die Menge der Jungen.

Cantor hat aber auch Mengen mit unendlich vielen Elementen miteinander verglichen. Er hat sich zum Beispiel Gedanken darüber gemacht, was bei einem Ball passieren würde, auf dem sich die natürlichen und die gebrochenen Zahlen treffen. Der Einfachheit halber nehmen wir nur die positiven gebrochenen Zahlen. Findet da jeder einen Partner? Oder schauen ein paar Brüche in die Röhre?

> Einer der Vorteile davon, ein wenig über Mathe zu wissen, besteht darin, dass Sie Ihre Freunde damit beeindrucken können.
> Ian Stewart (geb. 1945), britischer Mathematiker und Sachbuchautor

Instinktiv denkt man natürlich: Zwischen den beiden natürlichen Zahlen 0 und 1 liegen unendlich viele Brüche, zum Beispiel ½, ⅓, ¼ und so weiter. Also müssten die gebrochenen Zahlen deutlich in der Überzahl sein, obwohl natürlich beide Mengen unendlich viele Elemente enthalten. Doch Cantor konnte beweisen, dass die Mengen der natürlichen und der

> Die erhebendsten Gefühle erlebt ein Mathematiker, nachdem er einen lange gesuchten Beweis endlich hinbekommen hat und bevor er den Fehler darin entdeckt.

gebrochenen Zahlen gleich mächtig sind – jede Zahl also garantiert einen Partner findet.

Die natürlichen Zahlen sind abzählbar – das liegt auf der Hand. Ich beginne bei 0 zu zählen, und irgendwann komme ich bei jeder beliebig großen Zahl an. Weil es unendlich viele natürliche Zahlen gibt, sagt man auch, ihre Menge ist abzählbar unendlich. Das bedeutet: Ich kann die Elemente dieser Menge durchnummerieren. Und jedes Element, das ich aus der Menge herausgreife, trägt eine solche Nummer. Bei den natürlichen Zahlen entspricht diese Nummer genau der natürlichen Zahl selbst. Bei anderen abzählbar unendlichen Mengen ist das nicht ganz so einfach.

Aber wie vergleicht man nun unendliche Mengen miteinander? Ganz einfach: Eine Menge ist genauso mächtig wie die natürlichen Zahlen, wenn sie ebenfalls abzählbar unendlich ist. Im Fall der gebrochenen Zahlen bedeutet das: Ein Element, das ich willkürlich herausgreife, zum Beispiel ⅔, trägt quasi eine Nummer auf der Stirn. Cantors Verdienst ist es, eine Anleitung entwickelt zu haben, mit der wir diese Nummer berechnen können.

$$\frac{1}{1} \quad \frac{1}{2} \quad \frac{1}{3} \quad \frac{1}{4} \quad \frac{1}{5} \quad \frac{1}{6}$$
$$\frac{2}{1} \quad \frac{2}{2} \quad \frac{2}{3} \quad \frac{2}{4} \quad \frac{2}{5} \quad \frac{2}{6}$$
$$\frac{3}{1} \quad \frac{3}{2} \quad \frac{3}{3} \quad \frac{3}{4} \quad \frac{3}{5} \quad \frac{3}{6}$$
$$\frac{4}{1} \quad \frac{4}{2} \quad \frac{4}{3} \quad \frac{4}{4} \quad \frac{4}{5} \quad \frac{4}{6}$$
$$\frac{5}{1} \quad \frac{5}{2} \quad \frac{5}{3} \quad \frac{5}{4} \quad \frac{5}{5} \quad \frac{5}{6}$$
$$\frac{6}{1} \quad \frac{6}{2} \quad \frac{6}{3} \quad \frac{6}{4} \quad \frac{6}{5} \quad \frac{6}{6}$$

Cantors Beweis, dass positive gebrochene und natürliche Zahlen gleich mächtig sind, beruht auf zwei genialen Ideen. Zuerst hat er eine Tabelle entworfen (siehe unten), in der alle positiven gebrochenen Zahlen ihren festen Platz haben. Hier ist der linke obere Ausschnitt zu sehen – die Tabelle geht unendlich weit nach rechts und nach unten weiter.

Abzählen können wir die Zahlen in dieser Tabelle aber noch nicht. Wenn wir beispielsweise in der obersten Zeile links oben anfangen und dann nach rechts zählen, zählen wir bis ins Unendliche (⅟₁ ½ ⅓ ¼ ⅕ ⅙ ⅐ …), ohne je die zweite Zeile zu erreichen.

Cantor hatte aber noch einen zweiten Trick parat. Er zählte nicht eine ganze Zeile oder Spalte ab, sondern diagonal von rechts oben nach links unten, von da wieder nach rechts oben und so weiter.

$$
\begin{array}{cccccc}
\frac{1}{1}\,{}_{1.}\!\rightarrow & \frac{1}{2}\,{}_{2.} & \frac{1}{3}\,{}_{6.}\!\rightarrow & \frac{1}{4}\,{}_{7.} & \frac{1}{5}\,{}_{15.}\!\rightarrow & \frac{1}{6} \\
& \swarrow & \nearrow & \swarrow & \nearrow & \\
\frac{2}{1}\,{}_{3.} & \frac{2}{2}\,{}_{5.} & \frac{2}{3}\,{}_{8.} & \frac{2}{4}\,{}_{14.} & \frac{2}{5} & \frac{2}{6} \\
\downarrow \nearrow & & \swarrow & \nearrow & & \\
\frac{3}{1}\,{}_{4.} & \frac{3}{2}\,{}_{9.} & \frac{3}{3}\,{}_{13.} & \frac{3}{4} & \frac{3}{5} & \frac{3}{6} \\
& \swarrow & \nearrow & & & \\
\frac{4}{1}\,{}_{10.} & \frac{4}{2}\,{}_{12.} & \frac{4}{3} & \frac{4}{4} & \frac{4}{5} & \frac{4}{6} \\
\downarrow \nearrow & & & & & \\
\frac{5}{1}\,{}_{11.} & \frac{5}{2} & \frac{5}{3} & \frac{5}{4} & \frac{5}{5} & \frac{5}{6} \\
& & & & & \\
\frac{6}{1} & \frac{6}{2} & \frac{6}{3} & \frac{6}{4} & \frac{6}{5} & \frac{6}{6} \\
\end{array}
$$

Auf diese Weise bekommt jeder Bruch beginnend bei ⅟₁ fortlaufend eine Nummer. Nur zwei Beispiele: ½ hat die Nummer

2 und ⅕ die Nummer 15. Damit hat der Mathematiker gezeigt, dass die positiven gebrochenen Zahlen genauso mächtig sind wie die natürlichen Zahlen.

Ich finde es äußerst elegant, wie Cantor es mit dem Diagonalisierungs-Trick geschafft hat, die Unendlichkeit in den Griff zu bekommen, die auf der rechten und auf der unteren Seite der Tabelle lauert. Cantor geht vor wie ein Gärtner, der eine unendlich große Wiese mähen muss. Er steht an deren linker oberer Ecke des Rasens mit dem Mäher und arbeitet sich im Zickzack vor.

Cantors Diagonalisierung war sicher der anspruchsvollste der vier Beweise in diesem Kapitel. Sie alle haben jedoch etwas Wichtiges gemeinsam: Mit einer einzigen Idee, oder im Falle Cantors mit zwei Ideen, wird ein schwieriges Problem elegant gelöst. Diese Kniffe, diese genialen Tricks sind es, die für mich die Schönheit in der Mathematik ausmachen. Ich hoffe, dass auch Sie ein Gefühl dafür bekommen haben.

Aufgabe 26 **

In dem Gleichungssystem $a+b+c = d+e+f = g+h+i$ entspricht jedem Buchstaben genau eine der Zahlen von 1 bis 9. Jede Zahl kommt genau einmal vor. Finden Sie alle Lösungen! Das Vertauschen zweier Dreiergruppen stellt keine neue Lösung dar.

Aufgabe 27 ***

Bestimmen Sie alle Paare (x;y) reeller Zahlen, die das folgende Gleichungssystem lösen:
$$x^2 + y^2 = 2$$
$$x^4 + y^4 = 4$$

Aufgabe 28 ***

Drei gleich große Kreisscheiben mit dem Radius r liegen so zusammen, dass jede die anderen beiden berührt. In der Mitte zwischen den drei Scheiben befindet sich ein kleiner Kreis, der ebenfalls alle drei großen Kreise berührt. Wie groß ist der Durchmesser des kleinen Kreises?

Aufgabe 29 ***

Finden Sie alle natürlichen Zahlen a, b, c, die die Gleichung $a^2 + b^2 = 8c - 2$ erfüllen.

Aufgabe 30 * * * *
Sie schauen auf eine Wanduhr, die Stunden- und Minutenzeiger stehen in diesem Moment zufällig genau übereinander. Wie lange müssen Sie warten, bis dies wieder geschieht?

Querdenken: Tipps und Tricks für kreative Lösungen

Es gibt Aufgaben, die fast schon unlösbar erscheinen. Aber keine Bange: Mit etwas Erfahrung, der richtigen Technik und so manchem Trick kommt man auch durch dickere Bretter. Wer hartnäckig grübelt, erlebt mit etwas Glück sogar sein ganz persönliches »Heureka«.

Da hätte ich eigentlich auch draufkommen können! Das denke ich jedes Mal, wenn ich mir den Primzahlbeweis oder den Trick des kleinen Carl Friedrich Gauß anschaue, hundert Zahlen im Handumdrehen zu addieren. Aber warum ist mir keine dieser Ideen gekommen? Wie findet man solche cleveren Lösungen? Das fragen Sie sich vielleicht ja auch.

Ob Sie das Zeug zum kleinen Gauß oder Mini-Cantor haben, weiß ich nicht. Ich kann Ihnen aber einige Tipps geben, wie man sich Aufgaben nähert, bei denen zunächst nicht klar ist, auf welche Weise man sie überhaupt lösen soll. Erwarten Sie bitte keine allgemeingültige Anleitung zum Finden eleganter Lösungen. Kreativitätstechniken hin oder her – ein Schema F zum Knacken von Problemen existiert nicht. Zum Glück, denn sonst wäre Mathematik ja tatsächlich so langweilig, wie sie leider oft vermittelt wird.

Beginnen wir mit der Frage, was Kreativität eigentlich ist. Landläufig gilt eine Idee als kreativ, wenn sie neu ist oder neuartige Elemente enthält und somit hilft, ein bestehendes Problem zu lösen. Wir können diese Beschreibung noch etwas erweitern: Kreativ ist die Lösung einer mathematischen Aufgabe nicht nur, wenn sie völlig neue Wege geht. Auch das geschickte Kombinieren bekannter Methoden darf schon als kreativ gelten.

Der französische Mathematiker Jacques Hadamard hat schon vor mehr als 60 Jahren untersucht, wie mathematische Entdeckungen entstehen. Er wertete dabei unter anderem Schilderungen von Henri Poincaré und Albert Einstein aus. In seinem Essay »The Psychology of Invention in the Mathematical Field« unterscheidet Hadamard vier Phasen der Entdeckung:

1. Präparation: Wir durchdenken das Problem aktiv im Bewusstsein und suchen nach einer Lösung.
2. Inkubation: Falls wir nicht sofort eine Lösung finden, arbeitet das Unterbewusstsein weiter am Problem, auch wenn wir uns gerade mit ganz anderen Dingen beschäftigen.
3. Illumination: Eine im Unterbewusstsein entwickelte Lösung erscheint im Bewusstsein, wir erleben einen Aha-Effekt (»Heureka«).
4. Verifikation: Die intuitiv gefundene Lösung wird überprüft. Dabei kann sich natürlich auch herausstellen, dass die Idee, die im ersten Moment so überzeugend erschien, doch nicht funktioniert.

Besonders faszinierend sind die Ideen, die – auf welche Weise auch immer – das Unterbewusstsein liefert. Ich selbst habe solche Aha-Momente auch schon erlebt. Aus heiterem Himmel erschien plötzlich die Lösung – oft in einem Moment, als ich in Gedanken gar nicht bei der Aufgabe war. Manchmal war sie falsch, aber oft stimmte sie auch.

Eine wichtige Voraussetzung dafür ist natürlich, dass man ein Problem intensiv durchdenkt und nicht nach der Lösung schielt, die womöglich irgendwo steht. Deshalb rate ich Ihnen auch, bei den Aufgaben dieses Buches nicht gleich zu den Lösungen zu blättern, wenn Sie nicht vorankommen. Haben Sie etwas Geduld, lassen Sie das Problem ruhig erst mal sacken. Womöglich kommt ja am nächsten Morgen beim Zähneputzen die zündende Idee.

Meine Erfahrung ist: Die Heureka-Lösungen sind, sofern sie stimmen, oft sehr elegant. Ich will Ihnen im Folgenden einige Tipps geben, wie man Probleme besser und schneller durchdringt. Mit etwas Glück helfen Sie so Ihrem mathematischen Unterbewusstsein auf die Sprünge.

1. Aufgabe genau analysieren

Zuallererst müssen Sie natürlich die Aufgabe selbst verstehen. Wenn Ihnen beim Lesen des Textes etwas spanisch vorkommt, sollten Sie genau aufpassen. Oft liefern solche Stolpersteine in der Aufgabe nämlich wertvolle Hinweise zum Finden der Lösung. Nehmen wir folgendes Rätsel, das ich im Netz entdeckt habe:

> Zwei russische Mathematiker treffen sich zufällig im Flugzeug: »Hattest du nicht drei Söhne?«, fragt der eine. »Wie alt sind die denn jetzt?« »Das Produkt der Jahre ist 36«, lautet die Antwort, »und die Summe der Jahre ist genau das heutige Datum.« »Hmm, das reicht mir noch nicht«, meint darauf der Kollege. »Oh ja, stimmt«, sagt der zweite Mathematiker, »ich habe ganz vergessen zu erwähnen, dass mein ältester Sohn einen Hund hat.« Wie alt sind die drei Söhne?

Ich weiß nicht, ob es Ihnen auch so geht, aber der Hinweis auf den Hund hat mich sofort an die Kapitänsaufgaben erinnert. Was hat der Besitz eines Hundes mit dem Alter zu tun? Gibt es eventuell ein Mindestalter für Kinder, um ein eigenes Haustier zu haben? Falls ja, wo soll das liegen? Bei zwei? Oder drei?

Ein weiteres Problem ist, dass eine wichtige Zahl fehlt. Wir kennen das Produkt der Jahre der Kinder, jedoch nicht die Summe. Im Text steht nur, dass die Summe genau dem Datum entspricht. Ist die Aufgabe überhaupt lösbar?

Ich habe mir den Text dann nochmals durchgelesen. Und dann begann ich zu ahnen, dass der Hund tatsächlich nichts mit der Lösung zu tun haben kann. Wichtig ist offenbar vielmehr der Hinweis, dass es einen ältesten Sohn gibt. Es könnten ja auch zwei gleichaltrige Zwillinge sein. Für den Kollegen war jedenfalls der Hinweis auf den ältesten Sohn mit Hund entscheidend, um das Alter aller drei Kinder ausrechnen zu können.

Jetzt kennen wir das Datum aber immer noch nicht. An dieser Stelle hilft etwas Erfahrung. Wahrscheinlich gibt es nur eine Handvoll möglicher Alterskombinationen – immerhin wissen wir ja, dass ihr Produkt 36 ist. Und diese Varianten schreibt man einfach auf und prüft, welche davon die richtige ist. Mathematiker nennen das Fallunterscheidung. Genauso bin ich dann auch vorgegangen.

Alle drei Jungen müssen mindestens ein Jahr alt sein – falls nicht, wäre das Produkt ihrer Jahre ja null. Jetzt schreiben wir einfach alle denkbaren Alterskombinationen in eine Liste und dahinter jeweils die Summe der Jahre – also das mögliche Datum:

1, 1, 36	38
1, 2, 18	21
1, 3, 12	16
1, 4, 9	14
1, 6, 6	13
2, 2, 9	13
2, 3, 6	11
3, 3, 4	10

Wenn ich keine Alterskombination vergessen habe, dann gibt es genau acht verschiedene Möglichkeiten. Die erste, 1, 1, 36, scheidet aus, weil es kein Datum 38 gibt. Bleiben also sieben Möglichkeiten. Weil der Kollege des Mathematikers jedoch trotz Kenntnis des Datums nicht wusste, wie alt die Söhne sind, muss es für dieses Datum mindestens zwei verschiedene Alterskombinationen geben. Für die gesuchte Summe der Jahre kommt daher nur 13 infrage, denn 13 ist sowohl 1 + 6 + 6 als auch 2 + 2 + 9. Aber nur im Fall 2, 2, 9 gibt es einen ältesten Sohn, bei 1, 6, 6 sind die beiden ältesten Jungen gleich alt. Also muss die Lösung 2, 2, 9 lauten.

2. Systematisch vorgehen

Das Beispiel der Mathematiker-Söhne zeigt: Es kann sich lohnen, einfach mal alle denkbaren Kombinationen aufzuschreiben und sich jede einzeln anzuschauen. Dieses systematische Vorgehen funktioniert natürlich nicht immer. Vor allem wenn die Zahl der Kombinationen sehr groß ist, wird eine andere Lösungstechnik eleganter zum Ziel führen.

Wer ein Problem systematisch analysiert, kann jedoch oft sogar eine scheinbar ausufernde Zahl von Kombinationen auf wenige reduzieren. Exemplarisch zeigt dies die folgende Aufgabe:

> Die natürlichen Zahlen von 1 bis 15 sollen so in einer Reihe aufgeschrieben werden, dass jede der fünfzehn Zahlen genau einmal vorkommt und die Summe je zweier benachbarter Zahlen eine Quadratzahl ist. Bestimmen Sie alle Möglichkeiten!

Puuh, das sieht schwierig aus, war mein erster Gedanke. 15 Zahlen hintereinander – da gibt es ziemlich viele Möglichkeiten. Immerhin sollen zwei benachbarte Zahlen zusammen eine Quadratzahl bilden. Da stellt sich natürlich die Frage: Welche Zahlen passen zusammen, können also nebeneinanderstehen? Die 1 zum Beispiel passt zur 3 ($3+1=2^2$), zur 8 ($8+1=3^2$) und zur 15 ($15+1=4^2$). Die 2 harmoniert mit der 7 und der 14.

Am besten, wir schauen uns das mal ganz genau an – in einer eigens dafür entworfenen Tabelle. Womöglich liefert uns das ja entscheidende Hinweise.

Zahl	1	2	3	4	5	6	7	8	9	10	11	12	13	14	15
Mögliche Partner	3 8 15	7 14	1 6 13	5 12	4 11	3 10	2 9	1	7	6 15	5 14	4 13	3 12	2 11	1 10

Interessant ist, dass fast alle Zahlen zwei Partner haben, die 1 und die 3 sogar drei. Nur die 8 und die 9 fallen mit jeweils nur einem Partner aus der Reihe. Und das macht sie für uns interessant. Denn wenn die 8 und die 9 nur einen möglichen Partner haben, dann können sie nicht irgendwo in der Mitte der Reihe stehen. Sie hätten dann ja einen Vorgänger und einen Nachfolger, also zwei Partner. Für beide gibt es aber jeweils nur einen Partner. Für die 8 und die 9 kommen daher nur zwei Positionen infrage: der Anfang und das Ende der Reihe.

Damit ist die Aufgabe schon so gut wie gelöst, wie wir gleich sehen werden. Die Reihe beginnt entweder mit der 8 oder der 9. Wir schauen uns zuerst mal die Variante 8 an und schreiben auf, welche Folgen damit möglich sind. Wenn die erste Zahl die 8 ist, ist die zweite zwingend eine 1. Der Blick in die Tabelle oben verrät, dass nach der 1 die 3, die 8 oder die 15 infrage kommen. Die 8 scheidet aus, denn damit beginnt die Reihe ja. Bleiben also 3 und 15.

Wenn wir die 3 wählen, sind als vierte Zahl entweder 6 oder 13 möglich (1 ist schon vergeben). Diese beiden Varianten setzen wir dann mit dem eben beschriebenen Verfahren als Reihe fort, beide führen jedoch zu keiner Lösung:

8, 1, 3, 6, 10, 15, 1 (1 ist doppelt!)
8, 1, 3, 13, 12, 4, 5, 11, 14, 2, 7, 9 (Reihe ist zu kurz!)

Wenn wir als dritte Zahl statt der 3 eine 15 schreiben, dann bekommen wir eine richtige Lösung:

8, 1, 15, 10, 6, 3, 13, 12, 4, 5, 11, 14, 2, 7, 9

Weil wir diese Folge natürlich auch umdrehen können, also statt der 8 mit der 9 beginnen, gibt es genau zwei Lösungen. Damit ist die Aufgabe gelöst.

Bei diesem Rätsel, das haben Sie sicher bemerkt, ist Gründlichkeit gefragt. Man muss wirklich alle Varianten berücksichtigen. Ein solches systematisches Vorgehen kann man in der Mathematik lernen – und es hilft einem auch im Alltag oder im Beruf immer wieder.

3. Social Engineering

Manchmal sitze ich an einer Knobelaufgabe, von der ich fürchte, dass sie womöglich unüberschaubar viele Lösungen haben könnte. Dann denke ich zumindest für einen Moment genau wie ein Schulkind bei einer Kapitänsaufgabe. Da muss es doch eine Lösung geben, sonst hätte der Lehrer mir diesen Text ja nicht gegeben. Was ich damit meine, zeigt die folgende Aufgabe:

> Finden Sie alle zehnstelligen Primzahlen, die jede der zehn Ziffern 0, 1, 2, 3, 4, 5, 6, 7, 8, 9 enthält.

Was wissen wir? An erster Stelle darf keine 0 stehen, sonst wäre die Zahl nur neunstellig. Und an letzter Stelle muss zwingend eine ungerade Zahl stehen, damit die Zahl nicht durch zwei teilbar ist – schließlich suchen wir ja Primzahlen. Wenn wir jetzt anfangen, alle denkbaren Ziffernkombinationen aufzuschreiben, haben wir viel zu tun.

Der Weg zur Lösung muss ein anderer sein, das ist klar. Die Frage ist: Wie viele Lösungen kann es überhaupt geben? Eine, zehn, hundert? Ich wusste an dieser Stelle sofort: Es gibt sicher kaum Dutzende oder gar Hunderte Lösungen, die Aufgabe wäre dann einfach zu schwer. Schließlich handelt es sich um eine typische Knobelaufgabe von der Mathematik-Olympiade der Klassenstufen 9 oder 10.

Diese Art der Annäherung an die Lösung kann man durchaus als Social Engineering bezeichnen. Sie klappt natürlich nur bei Aufgaben, die sich Menschen für bestimmte Zwecke ausgedacht haben und die in einem bestimmten Umfeld gestellt werden.

Wir gehen also einfach mal davon aus, dass es nur sehr wenige Lösungen gibt. Wenn die Aufgabenentwickler es den Schülern besonders einfach machen wollten, existiert ja vielleicht nicht mal eine einzige Lösung! Und das ist tatsächlich der Fall.

Wir wissen, dass eine Primzahl nicht nur ungerade sein muss, sie darf auch nicht durch drei teilbar sein. Und das ist nur dann der Fall,

> Seit man begonnen hat, die einfachsten Behauptungen zu beweisen, erwiesen sich viele von ihnen als falsch.
> Bertrand Russell (1872–1970), britischer Mathematiker und Philosoph

wenn ihre Quersumme nicht durch drei teilbar ist. Praktischerweise können wir die Quersumme jeder nur denkbaren zehnstelligen Zahl mit den zehn Ziffern 0, 1, …, 9 leicht ausrechnen – sie ist für alle nur denkbaren Zahlen stets gleich:

$$
\begin{aligned}
\text{Quersumme} &= 0+1+2+3+4+5+6+7+8+9 \\
&= 9+0+8+1+7+2+6+3+5+4 \\
&\text{(frei nach Gauß!)} \\
&= 5 \times 9 \\
&= 45
\end{aligned}
$$

Die Quersumme ist also 45 und 45 ist durch drei teilbar – genau wie vermutet. Damit steht fest, dass sämtliche aus den Ziffern von 0 bis 9 konstruierten zehnstelligen Zahlen durch drei teilbar sind – also hat die Aufgabe tatsächlich keine Lösung.

Ich rate beim Social Engineering jedoch zur Vorsicht. Schon oft habe ich mich selbst dabei ertappt, wie ich angenommen habe, dass die einfachste, am nahesten liegende Lösung die richtige sein muss. Und dann war es doch ganz anders.

4. Anders denken

Ausgetretene Pfade verlassen – das ist eine der wichtigsten Methoden, um kreative Ideen zu entwickeln. In der Mathematik fällt das oft schwer, weil wir einfach zu sehr in Lösungstechniken denken, die wir gelernt haben. Das ist wie Reisen mit der Eisenbahn. Wir können so nur die Orte erreichen, zu denen auch Schienen führen.

Die interessantesten Ziele liegen aber mitunter abseits des Netzes. Um dahin zu gelangen, muss man die Gleise verlassen. Und daran sollte man immer wieder denken, wenn man über einem Matheproblem grübelt und nicht so recht weiterkommt. Ein einfaches Beispiel:

> Teilen Sie ein quadratisches Feld in fünf gleich große, identisch aussehende Beete.

Ich kann ein Quadrat wunderbar halbieren oder vierteln – aber wie soll man es in fünf gleiche Stücke zerlegen? Wenn Sie es schaffen, sich vom Halbieren und Vierteln zu lösen, ist die Aufgabe schon so gut wie gelöst. Sie zerschneiden das Quadrat einfach in fünf schmale, aneinandergrenzende Streifen – fertig. Die nächste Aufgabe wird etwas schwieriger.

> Ein Bauer will seinen Besitz an seine vier Söhne vererben. Kann er das Feld in vier gleich große, identisch geformte Teilstücke teilen?

Ich gebe es zu: An dieser Aufgabe bin ich gescheitert. Dritteln lässt sich das Grundstück ja noch wunderbar, es besteht schließlich aus drei Quadraten, die gemeinsam eine Ecke bilden. Aber wie soll man es vierteln? Solange ich nach einer Lösung suche, die aus Rechtecken besteht, komme ich nicht weiter. Ich habe es auch mit Dreiecken probiert, aber es war kein Weiterkommen. Der Trick ist, sich von den einfachen Formen wie Dreieck, Quadrat und Rechteck zu lösen. Die Lösung könnte ja auch ein Fünf- oder Sechseck sein. Und warum sollte dieses Polygon regelmäßig geformt sein?

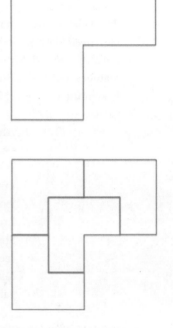

Wer sich öfter mit geometrischen Puzzles beschäftigt, sieht die Lösung womöglich sofort. Ich musste im Lösungsteil des Rätselbuchs nachschauen. Man muss die Figur in vier identisch geformte, aber nur ein Viertel so große Teilfiguren zerlegen. Die Felder sehen damit genauso aus wie der ursprüngliche Besitz des Bauern: ein konkaves Sechseck, das aus drei identischen Quadraten zusammengesetzt ist.

Anders denken bedeutet jedoch nicht nur, in ungewöhnlichen Formen zu denken. Das zeigt folgende Streichholzaufgabe:

Sie haben sechs Streichhölzer. Ordnen Sie diese so an, dass jedes Ende eines Streichholzes immer mit den Enden zweier anderer Streichhölzer zusammenstößt.

Ich habe mit einer Art Mercedes-Stern angefangen. In dessen Mitte stoßen wie gefordert drei Streichhölzer zusammen, der Winkel zwischen zwei Hölzern beträgt 120 Grad. Die übrigen drei Hölzer kriegt man dann aber nicht mehr unter. Wenn vier Streichhölzer ein Quadrat bilden, wären Diagonalen die Lösung – aber dafür sind die Hölzer zu kurz. Und ein regelmäßiges Sechseck hilft auch nicht weiter, weil dabei an jeder Ecke immer nur zwei Hölzer zusammentreffen.

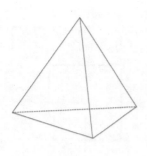

Ahnen Sie die Lösung? Wir müssen uns einfach von der Ebene lösen. Das fällt uns jedoch schwer, weil wir es gewöhnt sind, mit Streichhölzern auf dem Tisch zu spielen. Im dreidimensionalen Raum ist das Problem schnell gelöst. Wenn die sechs Streichhölzer die Seitenkanten eines Tetraeders bilden, also einer dreiseitigen Pyramide, sind die Bedingungen der Aufgabe erfüllt.

Bei der folgenden, wie ich finde besonders hübschen Knobelaufgabe des amerikanischen Rätselerfinders Martin Gardner ist ein ganz besonderer Trick gefragt.

> Ein Mann hat zwei Holzwürfel, mit denen er den Tag eines Monats von 01 bis 31 darstellen kann. Welche Ziffern stehen auf den Seiten der beiden Würfel?

Die Analyse des Problems ist relativ leicht: Auf jeden Würfel passen nur sechs Ziffern, also muss man die Ziffern von 0 bis 9 über beide Würfel verteilen. Fragt sich bloß wie. Die Tage eines Monats beginnen mit 01 und gehen bis 31. Es gibt also auf jeden Fall eine 11 und eine 22 – also müssen die 1 und die 2 auf beiden Würfeln vorkommen.

Wir brauchen jedoch auch die 0 auf beiden Würfeln, um alle Tage von 01, 02, ... bis 08, 09 darstellen zu können. Der Grund dafür ist simpel: Es gibt neun Ziffern von 1 bis 9, und auf einen Würfel passen nur sechs verschiedene. Also müssen die neun Ziffern über beide Würfel verteilt sein – und für die Anzeige von 01 bis 09 braucht man dann auch auf beiden Würfeln eine 0.

0, 1, 2 – damit sind auf beiden Würfeln schon drei Seiten belegt. Sechs der insgesamt zwölf Seiten sind noch frei – dummerweise sind aber noch sieben Ziffern übrig. Wenn wir zum Beispiel den ersten Würfel mit 0, 1, 2, 3, 4, 5 und den zweiten mit 0, 1, 2, 6, 7, 8 beschriften, ist die 9 nicht untergebracht.

> Die Mathematik ist die Kunst, völlig unterschiedlichen Dingen den gleichen Namen zu geben.
> Henri Poincaré (1854–1912), französischer Mathematiker

Was nun? Gibt es womöglich gar keine Lösung? Doch, es gibt eine, und wir haben sie sogar schon aufgeschrieben. Wenn wir eine 9 brauchen, stellen wir die 6 einfach auf den Kopf – und damit ist das Rätsel des Würfelkalenders gelöst.

5. Indirekt beweisen

Das Prinzip des indirekten Beweises kennen Sie schon aus dem vorherigen Kapitel von den unendlich vielen Primzahlen. Ich möchte es hier noch einmal an einem ganz anderen Beispiel demonstrieren. Es geht dabei um rationale und irrationale Zahlen. Eine rationale Zahl können wir stets als Bruch zweier ganzer Zahlen darstellen, also r = p/q. Bei einer irrationalen Zahl geht das nicht. Die bekannteste irrationale Zahl ist die Kreiszahl Pi. Aber auch die Quadratwurzel aus 2 ist irrational, und das wollen wir jetzt indirekt beweisen.

Satz: Die Quadratwurzel aus 2 ist irrational.

Wir nehmen an, dass der Satz nicht stimmt, also die Wurzel aus 2 rational ist.

$$\sqrt{2} = \frac{m}{n}$$

m und n sind dabei ganze Zahlen, der Bruch m/n soll nicht weiter kürzbar sein. Nun quadrieren wir beide Seiten und multiplizieren anschließend mit n^2:

$$2 = \frac{m^2}{n^2}$$
$$m^2 = 2n^2$$

Die letzte Gleichung besagt, dass m^2 durch 2 teilbar ist, was jedoch nur möglich ist, wenn m selbst eine gerade Zahl ist. Das Quadrat einer ungeraden Zahl ist nämlich stets ungerade. Wir können m also in der Form m = 2k schreiben, wobei k eine ganze Zahl ist. Das setzen wir nun wieder in die letzte Gleichung ein:

$$4k^2 = 2n^2$$
$$2k^2 = n^2$$

Damit diese Gleichung stimmt, muss wiederum auch n durch 2 teilbar sein. Das bedeutet: Sowohl m als auch n sind durch

2 teilbar. Das ist jedoch ein Widerspruch zu unserer Annahme, dass m/n ein nicht kürzbarer Bruch ist!

Also ist unsere Annahme falsch und die Wurzel aus 2 tatsächlich eine irrationale Zahl.

> Satz: Alle natürlichen Zahlen sind interessant.
> Beweis: Wir gehen indirekt vor, nehmen also das Gegenteil an. Dann muss es eine kleinste uninteressante natürliche Zahl geben. Das macht sie interessant – ein Widerspruch zur Annahme.

Vielleicht kommt Ihnen der Beweis seltsam vor, aber er funktioniert. Fest steht: Bei vielen Problemen erleichtert das indirekte Vorgehen die Arbeit.

6. Domino-Methode

Wenn es um Aussagen geht, die für alle natürlichen Zahlen n zutreffen, kann die vollständige Induktion das Mittel der Wahl sein. Ich werde sie allerdings lieber Domino-Methode nennen, denn dann versteht man sofort, wie ein solcher Beweis funktioniert.

Was sind die Voraussetzungen dafür, dass alle auf einem Tisch aufgestellten Dominosteine umfallen? Es sind genau zwei:

– Der erste Stein muss fallen.
– Jeder Stein steht so, dass er beim Kippen seinen Nachfolger zu Fall bringt.

Als Beispiel für die Domino-Methode nehmen wir die Summenformel für ungerade natürliche Zahlen. Schauen Sie sich bitte einmal folgende Gleichungen an:

```
1             = 1    = 1²
1+3           = 4    = 2²
1+3+5         = 9    = 3²
1+3+5+7       = 16   = 4²
1+3+5+7+9     = 25   = 5²
```

Offenbar addieren sich ungerade Zahlen, wenn man mit der 1 beginnt, immer zu einer Quadratzahl. Ungerade Zahlen können wir in der Form $2n+1$ oder $2n-1$ schreiben, wobei n eine natürliche Zahl ist. Wenn wir auf der rechten Seite der Gleichung n^2 notieren, dann muss die größte ungerade Zahl links $2n-1$ sein. Allgemein geschrieben lautet unsere Vermutung daher:

$$1 + 3 + \ldots + 2n-1 = n^2$$

Nun zum Domino-Beweis: Für n = 1, 2, 3, 4, 5 gilt die Formel auf jeden Fall. Das bedeutet, dass nicht nur der erste, sondern sogar die ersten fünf Dominosteine auf jeden Fall umkippen. Der Anfang ist also gemacht.

Jetzt greifen wir uns einen beliebigen Dominostein heraus, den Stein Nummer i. Dabei ist i eine natürliche Zahl. Wir nehmen an, dass dieser Stein umkippt. Und umkippen bedeutet hier, dass die Summenformel S(i) für ihn zutrifft.

$$S(i) = i^2$$

Was aber ist mit dem nächsten Stein mit der Nummer $i+1$? Trifft die Summenformel für ihn auch zu? Das können wir relativ leicht ausrechnen. Um die Summenformel für $i+1$ zu erhalten, muss ich zu der Summenformel von i nur die nächste, fehlende ungerade Zahl addieren. Und diese lautet $2(i+1)-1$.

$$S(i+1) = S(i) + 2(i+1) - 1$$
$$= S(i) + 2i + 1$$
$$= i^2 + 2i + 1$$

Der Ausdruck auf der rechten Seite dürfte Ihnen bekannt vorkommen. Es ist eine binomische Formel von der Form

$$(a+b)^2 = a^2 + b^2 + 2ab$$

Wobei $a = i$ und $b = 1$ ist. Also erhalten wir:

$$S(i+1) = (i+1)^2$$

Damit haben wir gezeigt, dass die Summenformel auch für $n = i + 1$ gilt, sofern wir voraussetzen, dass sie für $n = i$ zutrifft. Das bedeutet, dass unsere Summenformel für alle beliebigen natürlichen Zahlen n gültig ist.

Ich gebe zu, die vollständige Induktion, wie Mathematiker den Domino-Beweis nennen, wirkt kompliziert. Denken Sie aber immer an den Vergleich zu den Dominosteinen, dann wird klar, wie die Methode funktioniert.

7. Werkzeuge wechseln

Wenn Menschen einander etwas mitteilen wollen, haben sie verschiedene Möglichkeiten: die gesprochene Sprache, Gestik, ein Zettel, eine E-Mail, ein Augenzwinkern. Jede Kommunikationsform hat ihre Stärken und ihre Schwächen. Bei großem Lärm funktioniert Winken wunderbar – im Dunkeln ist Rufen erfolgreicher.

Ähnlich ist es in der Mathematik. Bestimmte Dinge

klappen besser, wenn man sie mit dem passenden Formalismus anpackt. Wer zum Beispiel Geraden im dreidimensionalen Raum mit einer Formel beschreiben möchte, sollte besser kein Kugelkoordinatensystem benutzen, bei dem jeder Punkt im Raum durch zwei Winkel und einen Radius definiert ist.

Wie man geschickt die passende mathematische Sprache auswählt und ausnutzt, zeigt die folgende, schon sehr anspruchsvolle Aufgabe:

> Finden Sie eine Formel, um die Summe aller Zweierpotenzen bis zum Exponenten n zu berechnen – also die Summe
> $2^0 + 2^1 + 2^2 + \ldots + 2^n$.

Wir könnten versuchen, diese Aufgabe mit der Domino-Technik zu lösen. Das wäre der klassische Weg. Aber ich möchte Ihnen eine Methode zeigen, die anders funktioniert. Die Idee ist, die ganze Berechnung im Dualsystem durchzuführen. Im Dualsystem wird jede Zahl als Summe von Zweierpotenzen dargestellt, es gibt nur die Ziffern 0 und 1. Computer beispielsweise rechnen ausschließlich mit Dualzahlen.

> Satz: Eine Katze hat neun Schwänze.
> Beweis: Keine Katze hat acht Schwänze. Und eine Katze hat einen Schwanz mehr als keine Katze. Also hat eine Katze $8 + 1 = 9$ Schwänze.

In der folgenden Tabelle sehen Sie, wie man natürliche Zahlen (linke Spalte) in Zweierpotenzen zerlegt und als Dualzahl (rechte Spalte) schreibt.

Zahl	Zweierpotenzen	Dualzahl
0	0×2^0	0
1	1×2^0	1
2	$1 \times 2^1 + 0 \times 2^0$	10
3	$1 \times 2^1 + 1 \times 2^0$	11
4	$1 \times 2^2 + 0 \times 2^1 + 0 \times 2^0$	100
5	$1 \times 2^2 + 0 \times 2^1 + 1 \times 2^0$	101
6	$1 \times 2^2 + 1 \times 2^1 + 0 \times 2^0$	110
7	$1 \times 2^2 + 1 \times 2^1 + 1 \times 2^0$	111
8	$1 \times 2^3 + 0 \times 2^2 + 0 \times 2^1 + 0 \times 2^0$	1000
9	$1 \times 2^3 + 0 \times 2^2 + 0 \times 2^1 + 1 \times 2^0$	1001

Wir suchen eine Formel für

$$\Sigma = 2^0 + 2^1 + 2^2 + \ldots + 2^n$$

Wir schreiben die Summanden der Potenzsumme einfach mal in umgekehrter Reihenfolge auf.

$$\Sigma = 1 \times 2^n + 1 \times 2^{n-1} + \ldots + 1 \times 2^2 + 1 \times 2^1 + 1 \times 2^0$$

Diese Zahl können wir im Handumdrehen als Dualzahl im Dualsystem aufschreiben:

$$\Sigma = 11111\ldots\ldots 111 \text{ (n + 1 Einsen)}$$

Diese Zahl besteht nur noch aus Einsen, aber wir wissen leider immer noch nicht, wie groß sie ist. Wer von uns kann sich schon Dualzahlen vorstellen?

Jetzt hilft ein Trick weiter: Wenn wir mit Dualzahlen rechnen, dann gilt die Regel $1+1=10$. Das liegt an den Zweierpotenzen: $1 \times 2^0 + 1 \times 2^0 = 2 \times 2^0 = 1 \times 2^1$.

Wenn wir zu der an sich sperrigen Dualzahl, bestehend aus $n+1$ Einsen, eine 1 hinzuaddieren, passiert etwas Verrücktes. Aus den ganzen Einsen werden in der Summe Nullen – nur ganz links an der Stelle $n+2$ kommt eine 1 hinzu. Die Rechnung sieht dann folgendermaßen aus:

```
    11111......111   (n + 1 Einsen)
+               1
   100000......000   (n + 1 Nullen)
```

Beim schriftlichen Addieren wird ganz rechts aus $1+1$ eine Null, wir müssen uns aber eine 1 merken und diese zur 1 an der Position links daneben hinzurechnen. Dabei kommt wieder eine 0 heraus – und eine gemerkte 1. Was hier geschieht, kennen Sie ganz ähnlich aus dem Zehnersystem, wenn Sie zur Zahl 9999…9999 eine 1 addieren. Auch hier springen alle Neunen zur Null um, und ganz vorne kommt eine 1 hinzu.

Zurück zur Summenformel der Zweierpotenzen. Wenn wir zu 11111……111 ($n+1$ Einsen) die Zahl 1 addieren, erhalten wir 100000……000 ($n+1$ Nullen). Das Ergebnis aus einer Eins und $n+1$ Nullen ist schon weniger sperrig – es handelt sich um 2^{n+1}. Also gilt

$$1 + \Sigma = 2^{n+1}$$

Damit haben wir die Summenformel für Zweierpotenzen schon gefunden:

$$\Sigma = 2^{n+1} - 1$$

Zugegeben, die letzten Berechnungen von Potenzen im Dualsystem waren kompliziert. Aber an Beispielen wie dem Würfelkalender oder der Streichholzaufgabe sieht man wunderbar, dass eine Lösung nicht kompliziert oder gar unverständlich sein muss. Mit einer cleveren Idee lässt sich manches Rätsel sehr elegant meistern – und ich möchte Sie ermutigen, das auch immer wieder selbst zu probieren.

Aufgabe 31 * *
Auf einer Messe hat eine Firma zu einer Standparty eingeladen. Jeder Gast tauscht mit jedem anderen Gast Visitenkarten aus. Insgesamt 2450 Karten wechseln so den Besitzer. Wie viele Gäste waren auf der Party?

Aufgabe 32 * * *
Finden Sie alle natürlichen Zahlen x, y, für die gilt
$$\frac{1}{x}+\frac{1}{y}+\frac{1}{xy}=1$$

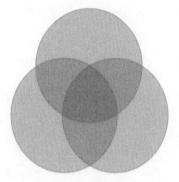

Aufgabe 33 * * *
Drei Kreise mit gleichem Radius schneiden sich so, dass der Mittelpunkt jedes Kreises auf dem Rand der beiden anderen Kreise liegt, siehe Abbildung. Bestimmen Sie den Flächeninhalt der dunklen Fläche, die von allen drei Kreisen zugleich bedeckt wird!

Aufgabe 34 * * * *
Auf dem Tisch stehen zwei gleich große, gleich volle Gläser. In dem einen ist Rotwein, in dem anderen Wasser. Mit einer Pipette nehmen Sie eine kleine Menge Rotwein und geben sie ins Wasser. Anschließend entnehmen Sie mit der Pipette dasselbe Volumen Flüssigkeit aus dem Glas mit Wasser und etwas Wein und geben sie zurück in das Weinglas. Beide Gläser sind nun wieder gleich voll. Ist dann mehr Wein im Wasser oder mehr Wasser im Wein?

Aufgabe 35 * * * *
Von einer ganzen Zahl z wird gefordert:
(1) Die Zahl z ist größer als 999 und kleiner als 10.000.
(2) Die Quersumme von z ist kleiner als 6.
(3) Die Quersumme von z ist Teiler von z.
Wie viele Zahlen gibt es, die diese Bedingungen erfüllen?

Typisch Mathe: Einsteins Relativitätstheorie

8

Als Albert Einstein 1905 die spezielle Relativitätstheorie vorstellte, erklärte ihn mancher Kollege für verrückt. Der Physiker hatte getan, was sonst nur Mathematiker tun: eine abstrakte Annahme konsequent zu Ende gedacht. Seine Idee fasziniert bis heute und erklärt anschaulich das berühmte Zwillingsparadoxon.

Manchmal genügen nur einige wenige Bausteine – um etwas ganz Großes zu bauen. Albert Einstein hat dies 1905 eindrücklich demonstriert, als er die spezielle Relativitätstheorie entwickelte. Meine erste Berührung mit der wohl berühmtesten Theorie der Welt hatte ich als Schüler in den Achtzigerjahren.

Ich hatte mir ein dünnes Büchlein mit dem Titel »Was ist die Relativitätstheorie?« gekauft. Verfasst haben es die beiden russischen Physiker Lew Landau und Juri Rumer. Auf gerade mal 58 Seiten erklärten die beiden renommierten Theoretiker, was Relativität ist, weshalb die Lichtgeschwindigkeit etwas ganz Besonderes ist und warum die Zeit in einem schnell rasenden Zug langsamer vergeht als auf dem Bahnhof.

Die Herleitungen der Formeln über die Verkürzung von Zeit und Länge sind so verblüffend einfach, dass sie wunderbar in dieses Buch passen. Man braucht keine komplizierte Mathematik, um die wichtigsten Formeln Einsteins zu verstehen. Es genügen der Satz des Pythagoras ($a^2 + b^2 = c^2$) und die aus dem Physikunterricht bekannte Formel Geschwindigkeit ist Weg dividiert durch Zeit ($v = s/t$). Wenn Sie diese beiden

Formeln beherrschen, dürften Sie kaum Schwierigkeiten haben, Einsteins genialen Gedanken zu folgen.

Vor mehr als hundert Jahren befand sich die Physik an einem Wendepunkt. Die klassische, auf Isaac Newton zurückgehende Mechanik reichte offensichtlich nicht aus, um all das zu erklären, was die Forscher bei Experimenten beobachtet hatten.

Als besonders wundersam erwies sich das Licht. In Experimenten verhielten sich die Lichtstrahlen mal wie Wellen, wie man sie vom Meer kennt, mal wie Teilchen. Um dieses verrückte Phänomen zu beschreiben, brauchte man eine neue Theorie. Und diese wurde dann unter anderem von Max Planck entwickelt: die Quantenmechanik. Laut ihr gelten im Mikrokosmos, also in der Welt der Lichtquanten und Elementarteilchen, andere Gesetze als für jenen Apfel, der einst vom Baum fiel und Newton der Legende nach zu seiner Mechanik inspiriert hat.

In der Mikrowelt geht es anders zu als auf dem Billardtisch: Kleine Teilchen bewegen sich nicht so vorhersehbar wie eine rollende Kugel. Laut der Quantentheorie ist es nicht einmal möglich, zugleich Ort und Geschwindigkeit eines kleinen Teilchens zu kennen. Und Prognosen in die Zukunft gibt es nur als Wahrscheinlichkeitsangaben. Die Quantenmechanik erklärt, wenn man so will, die Ungewissheit der Zukunft.

Doch Newtons Mechanik stieß nicht nur bei kleinen Partikeln an ihre Grenzen, sondern auch bei sehr hohen Geschwindigkeiten. Wenn sich Körper, egal welcher Größe, beispielsweise halb so schnell wie das Licht bewegen, dann passieren mit ihnen verblüffende Dinge, wie wir heute wissen.

Geschwindigkeiten einfach so addieren?

1905, als Einstein die spezielle Relativitätstheorie vorstellte, waren noch nicht einmal Experimente bekannt, bei denen jene seltsamen Dinge geschehen, die ich Ihnen gleich erklären werde. Umso visionärer und genialer erscheint daher Einsteins Theorie, denn sie konnte erst Jahrzehnte später experimentell bewiesen werden.

Ausgangspunkt der Schwierigkeiten, in denen die Physik vor über hundert Jahren steckte, waren einfache Gedankenexperimente, in denen es um das Addieren von Geschwindigkeiten ging. Stellen Sie sich vor, Sie sitzen in einer offenen Kutsche, die mit 10 Kilometern pro Stunde fährt. Außerdem nehmen wir an, dass ein Ball, den Sie locker nach vorne werfen, auch 10 km/h schnell ist.

Sie werfen den Ball zuerst in Fahrtrichtung. Wie schnell fliegt er dann durch die Luft? Aus Ihrer Sicht sind es 10 km/h, doch für einen Passanten, der Ihren Wurf vom Straßenrand aus beobachtet, addieren sich die Geschwindigkeiten von Kutsche und Ball zu 20 km/h.

Jetzt werfen Sie den Ball entgegen der Fahrtrichtung. Aus der Perspektive der Kutsche ändert sich nur die Richtung, nicht jedoch die Geschwindigkeit des Wurfobjekts. Der Ball fliegt mit 10 km/h nach hinten weg. Der Beobachter am Straßenrand sieht hingegen einen Ball, der quasi auf der Stelle fliegt – genau genommen nur nach unten. Die Geschwindigkeit der Kutsche +10 km/h und die des Balls −10 km/h addieren sich zu null. So weit – so logisch.

Jetzt wiederholen wir das Experiment, allerdings mit Schallwellen und einem Kampfflugzeug. Schall breitet sich in der Luft mit 1235 km/h aus, wir rechnen hier der Einfachheit halber

> Wussten Sie, dass in 87,166253 Prozent aller Statistiken eine Genauigkeit der Daten behauptet wird, die durch die Erhebungsmethode gar nicht gesichert ist?

mal mit 1200 km/h. Der Jet, in dem wir sitzen, rast mit 800 km/h durch die Lüfte. Wenn wir mit dem Flugzeug ein Geräusch machen, zum Beispiel, indem wir mit der Bordkanone eine Platzpatrone abfeuern, dann passiert mit den Geschwindigkeiten etwas ganz anderes als im Kutschen-Experiment. Sie addieren sich nämlich nicht.

Schallwellen sind Druckschwankungen in der Luft, die sich wie Wellen im Wasser ausbreiten – allerdings in allen drei Dimensionen. Schall benötigt ein Medium, im Vakuum können sich Schallwellen nicht fortpflanzen.

Wenn ein Jet während des Flugs ein Geräusch macht, dann ist die Schallausbreitung prinzipiell nicht anders, als wenn der Jet am Boden stehen würde. Die Luft selbst bewegt sich ja nicht, also wandern die Schallwellen von dem Punkt, an dem die Platzpatrone abgefeuert wurde, mit Schallgeschwindigkeit in alle Richtungen – in Flugrichtung, aber auch entgegengesetzt dazu.

Der sogenannte Dopplereffekt, der dazu führt, dass sich die Frequenz einer Schallquelle ändert, wenn sie sich auf uns zubewegt oder von uns weg, soll uns hier nicht interessieren. Er verändert den Klang, nicht jedoch die Schallgeschwindigkeit.

Denn Schallwellen werden nicht schneller, nur weil die Schallquelle schnell fliegt. Aus Sicht des Piloten wird der Schall sogar langsamer: Die Wellen laufen mit 1200 km/h durch die Luft, das Flugzeug fliegt mit 800 km/h hinterher. Relativ zum Flugzeug sind die Schallwellen also nur 400 km/h schnell.

Wenn der Pilot nach hinten schaut, dann wird der Schall hingegen scheinbar schneller. Die Wellen bewegen sich mit

1200 km/h von dem Ort weg, an dem die Platzpatrone abgefeuert wurde. Und der Jet entfernt sich davon mit 800 km/h – macht zusammen 2000 km/h! Kurios, nicht?

Der mysteriöse Äther

Jetzt kommen wir zurück zur Physik Ende des 19. Jahrhunderts. Damals glaubten fast alle Physiker, dass alle Wellen ein Trägermedium besitzen. Beim Schall kann das zum Beispiel Luft sein oder auch Wasser. Beim Licht nannte man dieses Trägermedium Äther. Über diesen ominösen Äther wusste man so gut wie nichts. Nur so viel: Er musste das gesamte Universum ausfüllen, also auch das Vakuum im All. Denn sonst würde das Licht der Sterne ja niemals bei uns auf der Erde ankommen.

1881 führte der Physiker Albert Michelson in Potsdam ein Experiment durch, mit dem er den Äther nachweisen wollte. Dabei nutzte er aus, dass sich die Erde mit etwa 30 Kilometern pro Sekunde auf einer Bahn um die Sonne bewegt. In seinem Experiment lief ein Lichtstrahl parallel zur Bewegungsrichtung der Erde, ein anderer senkrecht dazu. Wenn es den Äther gibt, dann müssten beide Strahlen verschieden schnell unterwegs sein, glaubte Michelson. Doch das Experiment ergab keine Laufzeitunterschiede – auch die noch verfeinerten Messungen von Edward Morley im Jahr 1887 nicht.

Die klassische Äthertheorie konnte also nicht stimmen. So kamen einzelne Physiker damals auf die Idee, dass die Erde sich zwar durch den Äther bewegt, der das gesamte Weltall ausfüllt, diesen aber womöglich an ihrer Oberfläche mit sich mitzieht. Eine andere, sehr sonderbar klingende Erklärung lieferte der Holländer Hendrik Lorentz: Die Materie werde in der Bewegungsrichtung der Erde minimal gestaucht, und zwar genau so viel, dass man keinen Laufunterschied beim Licht mehr messen könne, meinte er.

Dann kam Albert Einstein. Er suchte nicht nach exotischen Erklärungen, um die Äthertheorie zu retten. Einstein machte die Sache ganz einfach, indem er annahm: Wo auch immer wir messen, Licht breitet sich stets mit konstanter Geschwindigkeit aus. Nichts kann sich schneller bewegen als Licht.

Das Postulat von der Konstanz der Lichtgeschwindigkeit ist in der Relativitätstheorie so etwas wie das Axiom in der Mathematik. Sie erinnern sich: Die kleinste natürliche Zahl ist die Null – und jede natürliche Zahl hat genau einen Nachfolger. All das, was wir über natürliche Zahlen wissen, ergibt sich aus diesen Grundannahmen. Bei der Relativitätstheorie, einer stark mathematisch geprägten Theorie, funktioniert das ganz ähnlich.

Sie haben sicher schon gehört, dass die Zeit in Raumschiffen, die sich nahezu mit Lichtgeschwindigkeit bewegen, langsamer vergehen soll als auf der Erde. Bekannt ist dies auch unter dem Namen Zwillingsparadoxon. Denn wenn ein Zwilling mit solch einem Raumschiff fliegt, altert er langsamer als sein Geschwisterkind auf der Erde.

Dieses Phänomen werden wir nun mit einem einfachen Gedankenexperiment erklären. Der eine Zwilling, wir nennen ihn Paul, steht an einem Bahnhof. Der andere Zwilling, Sven, sitzt in einem superschnellen Zug, der gerade durch den Bahnhof rast. Der Zug hat die Geschwindigkeit v.

Im Waggon, in dem Sven Platz genommen hat, steht eine sogenannte Lichtuhr. Sie besteht aus einer Lampe am Boden und einem Spiegel an der Decke. Wird die Lampe angeschaltet, läuft der Strahl nach oben zum Spiegel, wird reflektiert und kommt wieder zurück.

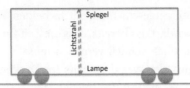

Sven misst die Zeit, die der Lichtstrahl für diesen Weg braucht. Paul schaut sich das Experiment vom Bahnhof aus an und stoppt ebenfalls die Zeit, die der Strahl benötigt. Wir nehmen an, dass der Waggon die Höhe h hat.

Für Sven sieht die Sache folgendermaßen aus: Der Strahl bewegt sich mit Lichtgeschwindigkeit senkrecht nach oben und wieder zurück. Der zurückgelegte Weg beträgt 2 × h.

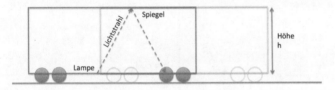

Für Paul stellt sich die Szenerie etwas anders dar: Wenn das Licht angeschaltet wird, läuft es nach oben. Zugleich fährt der Zug aber weiter. Das hat zur Folge, dass der eigentlich senkrecht nach oben laufende Lichtstrahl einen Weg schräg nach oben nimmt – siehe Skizze. Das liegt daran, dass der Wagen sich wegen seiner hohen Geschwindigkeit ein ganzes Stück nach rechts bewegt hat, bevor der Lichtstrahl den Spiegel erreicht. Auf dem Weg zurück zum Boden geschieht das Gleiche noch mal.

Das Licht legt aus Pauls Perspektive damit einen längeren Weg zurück als in Svens Augen. Wenn wir zugleich annehmen, dass die Lichtgeschwindigkeit in beiden Fällen gleich groß ist, dann erklärt das bereits, dass die Zeit für beide Zwillinge unterschiedlich schnell vergehen muss. Denn ein und dasselbe Ereignis, der Weg des Lichts zur Decke und zurück, dauert für die Geschwister verschieden lang.

Eine Lichtuhr – zwei Zeiten

Nun rechnen wir die Zeitunterschiede genau aus. Um die Sache zu vereinfachen, betrachten wir nur den Weg des Lichts vom Boden bis zur Decke.

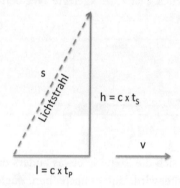

Svens Stoppuhr müsste die Zeit

$$t_s = \frac{h}{c}$$

anzeigen. Das ergibt sich aus der Formel $c = \frac{h}{t_s}$, die wir nach t_s umstellen.

Welchen Weg legt der Lichtstrahl in den Augen von Paul zurück, der auf dem Bahnsteig steht? Die gesuchte Länge s ist die Hypotenuse eines rechtwinkligen Dreiecks. Also gilt der Satz des Pythagoras:

$$s^2 = h^2 + l^2$$

Für den Weg s soll der Lichtstrahl die Zeit t_P benötigen, also gilt $s = c \times t_P$. Die Kathete l können wir leicht mit der Formel $l = v \times t_P$ ausrechnen, wobei v die Zuggeschwindigkeit ist. Wenn der Lichtstrahl aus Pauls Perspektive die Zeit t_P bis zur Decke braucht, dann legt er in dieser Zeit auch die Strecke von $v \times t_P$ zurück.

All dies setzen wir nun in die Pythagoras-Gleichung von oben ein:

$$c^2 \times t_P^2 = c^2 \times t_S^2 + v^2 \times t_P^2$$

Wenn wir diese Gleichung durch c^2 dividieren und dann nach t_S^2 auflösen, erhalten wir:

$$t_s^2 = (1 - \frac{v^2}{c^2}) \times t_p^2$$

Daraus ziehen wir dann noch die Wurzel – und fertig ist die Formel zur Berechnung der Zeitverkürzung:

$$t_s = \sqrt{(1 - \frac{v^2}{c^2})} \times t_p$$

Diese Formel verrät uns eine Menge über die Relativitätstheorie. Wenn v, also die Geschwindigkeit, mit der der Zug am Bahnhof vorbeirast, im Verhältnis zur Lichtgeschwindigkeit c klein ist, dann gibt es praktisch keinen Zeitunterschied zwischen Paul und Sven. Das ist zum Beispiel bei Geschwindigkeiten, wie sie ein ICE oder ein Flugzeug erreicht, der Fall.

250 km/h oder 1000 km/h mögen uns zwar ziemlich schnell vorkommen, das Licht ist mit knapp 300.000 Kilometern pro Sekunde (nicht pro Stunde!) aber viel, viel schneller unterwegs. Ein Flugzeug mit 1000 km/h erreicht gerade mal 0,0001 Prozent der Lichtgeschwindigkeit. Der Quotient v/c beträgt dann 0,000001, und v^2/c^2 ist mit 0,000000000001 so klein, dass $t_S = t_P$ gilt. Die Welt mit vergleichsweise niedrigen Geschwindigkeiten, wie wir sie kennen, ist in Einsteins Relativitätstheorie also ein Spezialfall, in dem man ihre Formeln nicht anzuwenden braucht.

Vom Postulat zur Theorie und zur Praxis

Fährt der Zug aber mit halber Lichtgeschwindigkeit ($v = c/2$), dann stoppt Paul am Bahnsteig 10,0 Sekunden, während Sven im Zug 8,7 Sekunden misst. Bei einer Fahrt mit 90 Prozent der Lichtgeschwindigkeit sind es nur noch 4,4 Sekunden. Je mehr sich der Zug der Lichtgeschwindigkeit nähert, umso größer wird der Zeitunterschied.

Physiker bezeichnen dieses Phänomen als Zeitdilatation. Wir könnten an dieser Stelle noch weitere Formeln ableiten für die Längendilatation oder die relativistische Addition von Geschwindigkeiten. Am Ende kämen wir dann auf Einsteins berühmte Formel $E = m \times c^2$. Aber das würde den Rahmen dieses Kapitels sprengen, genau wie eine physikalisch exakte Beschreibung des Zwillingsphänomens. Diese berücksichtigt nämlich auch, dass der reisende Zwilling beschleunigt und abgebremst wird. Ich habe auf diese Erklärung hier jedoch bewusst verzichtet, damit das Ganze nicht zu kompliziert wird. Ich wollte Ihnen vor allem zeigen, wie Mathematik in der Theoretischen Physik im Grundsatz funktioniert.

Im Idealfall genügt eine einzige Annahme, auch Postulat genannt, um eine Theorie abzuleiten, die viele Phänomene erklärt. Das macht die spezielle Relativitätstheorie auch so faszinierend. Die Lichtgeschwindigkeit ist konstant – mehr brauchen wir im Grunde nicht. Alles andere ergibt sich von selbst.

Einen wichtigen Unterschied zwischen Mathematik und Physik möchte ich hier allerdings nicht verschweigen: Ein Mathematiker muss sich für seine Ideen nicht rechtfertigen, solange sie im Theoriegebäude funktionieren. Ein Physiker muss seine Theorie immer erst in der Praxis bestätigen. Das ist im Falle von Einsteins Relativitätstheorie auch geschehen – aber erst viele Jahre später.

Aufgabe 36 **
Die Summe zweier natürlicher Zahlen ist durch 3 teilbar, ihre Differenz nicht. Beweisen Sie, dass beide Zahlen nicht durch 3 teilbar sind.

Aufgabe 37 **
Bei einem Kryptogramm repräsentiert jeder Buchstabe eine der Ziffern von 0 bis 9. Verschiedene Buchstaben stehen für verschiedene Ziffern. Finden Sie alle Lösungen für folgendes Kryptogramm:

```
 AB
+AC
DCB
```

Aufgabe 38 *
Wenn vier Hasen vier Löcher in vier Tagen graben, wie lange brauchen dann acht Hasen, um acht Löcher zu graben?

Aufgabe 39 ***
Finden Sie alle geraden Zahlen n, für die gilt: Ein Quadrat lässt sich in n Teilquadrate zerlegen. Hinweis: Die Teilquadrate müssen nicht gleich groß sein.

Aufgabe 40 ****

Sie wollen einen Holzstamm so umlegen, dass er genau auf der gestrichelt gezeichneten Linie liegt. Der Abstand von Stamm und Linie ist größer als eine und kleiner als die doppelte Stammlänge. Der Stamm ist so schwer, dass Sie ihn immer nur an einer Seite anheben und um das andere, auf dem Boden liegende Ende drehen können. Finden Sie die kleinste Anzahl von Zügen, um den Stamm zum Ziel zu bugsieren.

Göttliche Muster: Wie Mathematiker ihr Fach sehen

Geistiges Auge zum Erkennen der Welt, praktisches Werkzeug oder Ersatzreligion – Mathematiker beschreiben ihr Fach sehr unterschiedlich. Einig sind sie sich aber darüber, dass es in der Mathematik vor allem um das Durchschauen von Mustern geht.

Wir Menschen neigen dazu, in Schubladen zu denken – natürlich auch, wenn es um die Mathematik geht. Kurioserweise ist es aber ziemlich schwierig, dafür eine passende Schublade zu finden. Ist es eine echte Naturwissenschaft? Eher nicht, denn wir brauchen weder Experimente noch genaue Beobachtungen von Naturerscheinungen, um die Richtigkeit einer mathematischen Aussage zu überprüfen. Es reichen allein eine gute Beweisidee, ein Stift und Papier.

Mathematik ist eben keine Theorie, die sich in der Praxis bestätigen muss. Es ist eher eine Art Theorie der Theorien.

Trotzdem wird das Fach heutzutage meist den Naturwissenschaften zugeschlagen, vor allem deshalb, weil es in allen Disziplinen ein wichtiges, vielleicht sogar das wichtigste Werkzeug ist.

Vor hundert Jahren gehörte die Mathematik an vielen Universitäten noch ganz selbstverständlich zur philosophischen Fakultät. Und da passte sie durchaus gut hin. Denn es gibt einige Überschneidungen bei dem, was Mathematiker und Philosophen tun. Zuallererst ist da die strenge Logik, die bis heute einen wichtigen Teilbereich der Philosophie bildet – als Wissenschaft vom folgerichtigen Denken.

Man könnte auch sagen, dass Philosophie und Mathematik in ihrer reinen Form vor allem im Kopf stattfinden. Beide spielen mit Gedanken, sie ordnen sie, entwickeln eine eigene Sprache dafür, die für Laien kaum verständlich scheint. Trotz ihrer Abstraktheit können Philosophie und vor allem die Mathematik enorm praktisch sein – dazu gleich mehr.

Man kann Mathematik ganz gut mit einem Brettspiel vergleichen. Es gibt ein Spielfeld, es gibt Figuren, und es gibt Regeln, nach denen die Figuren bewegt werden. Die Regeln entspringen nicht irgendwelchen Naturprozessen, Menschen haben sie sich ausgedacht. Brettspiele können einfach und überschaubar wirken – und trotzdem sehr kompliziert sein, wenn man sie auf hohem Niveau spielt.

Denken Sie nur an das japanische Go. Die beiden Spieler setzen abwechselnd Steine auf die gerasterte, 19 mal 19 Felder große Spielfläche. Wer Steine seines Gegners mit eigenen Steinen umzingelt, darf diese entfernen. Gewonnen hat am Ende der Spieler, der den größeren Teil der Spielfläche kontrolliert. Das klingt alles recht einfach, aber Go besitzt eine höhere Komplexität als Schach. Das zeigen auch die großen Schwierigkeiten, die Programmierer haben, wenn sie ein leistungsstarkes Go-Programm entwickeln wollen. Der Computer hat die weltbesten Schachspieler längst besiegt, bei Go hat der Mensch immer noch die Nase vorn. Den eigenen Stil zu verfeinern und die Spielstärke zu erhöhen, beschäftigt passionierte Spieler bis ins hohe Alter.

> Der Wissenschaftler findet seine Belohnung in dem, was Poincaré die Freude am Verstehen nennt, nicht in den Anwendungsmöglichkeiten seiner Erfindung.
> Albert Einstein (1879–1955), Begründer der Relativitätstheorie

Vermutung wird nach 400 Jahren Gewissheit

In der Mathematik geht es ganz ähnlich zu wie bei Go. Die Axiome der natürlichen Zahlen beispielsweise bilden gleichermaßen Spielbrett und Spielregeln. Diese Ur-Annahmen – Null ist eine natürliche Zahl, jede natürliche Zahl hat einen Nachfolger und so weiter – legen den Raum fest, in dem ich spiele. Hinzu kommen noch ein paar Festlegungen und Definitionen – beispielsweise darüber, was unter einem Produkt und einem Teiler zu verstehen ist.

Wer dann mit den so festgelegten natürlichen Zahlen spielt, kann spannende Entdeckungen machen. Manche Zahlen lassen sich durch zwei teilen – wir nennen sie gerade, bei den ungeraden Zahlen funktioniert das Halbieren nicht. Es gibt Zahlen, die allein durch sich selbst und durch eins teilbar sind (Primzahlen). Wenn ich wissen will, ob eine Zahl durch drei teilbar ist, dann brauche ich nur zu schauen, ob ihre Quersumme durch drei teilbar ist. Dass dies stimmt, lässt sich beweisen.

Jede Aussage, die ich beweise, kann ich bei weiteren Untersuchungen nutzen. So entsteht aus den wenigen Axiomen der natürlichen Zahlen letztendlich die Zahlentheorie – ein Spezialgebiet der Mathematik, das im Detail sicher noch komplizierter ist als das Go-Spiel.

Ein Beispiel für ein anspruchsvolles Problem mit natürlichen Zahlen ist die Fermat'sche Vermutung. Sie besagt, dass die Gleichung

$$a^n + b^n = c^n$$

für natürliche Zahlen a, b, c, n mit n > 2 und a, b, c > 0 keine Lösung besitzt. Pierre de Fermat (1601–1665) stellte die Vermutung vor fast 400 Jahren auf, der äußerst aufwendige Beweis gelang Andrew Wiles und Richard Taylor jedoch erst 1995! Seitdem heißt die Vermutung Großer Fermat'scher Satz.

Mathematik findet jedoch nicht nur allein im Kopf von uns Menschen statt, sie ist, so glauben viele Mathematiker, im wahrsten Sinne des Wortes universell: Der Bewohner einer fernen Galaxie, der womöglich ein ganz anderes Zahlensystem verwendet als wir Menschen auf der Erde, würde die gleichen Entdeckungen machen, falls er als Ausgangspunkt dieselben Axiome für natürliche Zahlen benutzte. Auch für ihn gibt es gerade und ungerade Zahlen, auch er könnte die Fermatsche Vermutung formulieren und als Großen Fermatschen Satz beweisen.

Im Grunde kommt die gesamte Mathematik also ohne Wirklichkeit oder Praxisbezug aus, sie ist eine Spielerei mit Gedanken. In dieser sogenannten reinen Mathematik fragt erst einmal niemand nach einem Nutzen oder nach einem Zweck, es geht vielmehr darum, ob ein Problem interessant ist und wichtig für das gesamte Theoriegefüge.

Ich selbst bin übrigens auch ein Anhänger der Mathematik, die nicht so sehr nach Anwendungen schielt. Wenn man das Fach vor allem als kreative Tätigkeit interpretiert, dann wird der praktische Nutzen zweitrangig. Genau wie in der Musik oder in der Malerei. Warum spielen Menschen eigentlich ein Instrument? Weil man damit Geld verdienen kann? Weil ihre Eltern sie gezwungen haben? Weil man bei Auftritten viel Beifall bekommt? Oder aus Leidenschaft, aus einem inneren Drang heraus, aus Begeisterung?

Der Vergleich mit der Musik verdeutlicht aber zugleich, dass Mathematik ebenso wie die Kunst kein Selbstzweck ist. Natürlich empfindet ein Bildhauer Erfüllung beim Bearbeiten des Steins. Aber zugleich denkt er dabei auch immer mal wieder an die Brötchen, die er mit seiner Arbeit verdienen muss.

Und obwohl Mathematik vollkommen abstrakt ist, ist sie zugleich enorm praktisch. Sie hilft uns, Sternenbahnen zu verstehen und Ereignisse in der Natur vorherzusagen – sie macht Modelle für Elementarteilchen erst möglich. Laut Galileo Galilei (1564–1642) steckt Mathematik in allem, was uns umgibt: »Das Buch der Natur ist mit mathematischen Symbolen geschrieben. Genauer: Die Natur spricht die Sprache der Mathematik: die Buchstaben dieser Sprache sind Dreiecke, Kreise und andere mathematische Figuren.«

Die Lehre von den Mustern

Der größte Physiker des 20. Jahrhunderts, Albert Einstein, ging noch einen Schritt weiter, als er sagte: »Nach unserer bisherigen Erfahrung sind wir zum Vertrauen berechtigt, dass die Natur die Realisierung des mathematisch denkbar Einfachsten ist.«

Dass sowohl Galilei als auch Einstein die Mathematik zur Sprache der Natur erklärt haben, hängt natürlich eng mit dem Wesen der Mathematik zusammen. Bei allem, was Mathematiker tun, geht es um das Erkennen, Analysieren und Verstehen von Mustern. Und die uns umgebende Welt ist voller Muster: Der Regenbogen, die Sternenbahnen, Schneeflocken, Tigerfell, die Mondphasen – überall geschehen Dinge, die sich in gleicher oder ähnlicher Weise wiederholen.

Mit Mustern sind hier natürlich nicht nur jene auf Tapeten gemeint, der Begriff muss viel weiter gefasst werden. Wie weit, das hat der britische Mathematiker Walter Warwick Sawyer (1911–2008) bereits 1955 beschrieben. Als mathematisches Muster gilt demnach praktisch jede Art von Regelmäßigkeit, die der Geist erkennen kann. Das Leben und insbesondere geistige Aktivitäten seien nur dadurch möglich, dass es bestimmte Regelmäßigkeiten gebe, erklärte Sawyer: »Ein Vogel erkennt die regelmäßigen gelben und schwarzen Streifen einer Wespe, der Mensch erkannte irgendwann, dass dem Säen von Samen das Wachsen von Pflanzen folgt.«

Die vielen uns umgebenden Muster haben den Menschen schließlich dazu gebracht, Zahlentheorie, Geometrie und Wahrscheinlichkeitsrechnung zu treiben, glaubt Ian Stewart: »Menschlicher Geist und menschliche Kultur haben ein formales Denksystem entwickelt, um Muster erkennen, klassifizieren und ausnutzen zu können«, sagt der englische Mathematiker. »Wir nennen dieses System Mathematik.«

Fast jedes Muster in der Natur stellt sich uns Menschen zunächst als Rätsel dar. Warum treten Zikaden in Nordamerika nur alle 13 oder 17 Jahre massenhaft auf? Wie entstehen die Streifen auf dem Zebrafell? Weshalb kennen wir über sieben Ecken praktisch jeden anderen Menschen auf der Erde?

Die Mathematik hilft uns, diese Muster zu ergründen. Sie macht die Regeln und Strukturen sichtbar, die hinter den beobachteten Mustern und Regelmäßigkeiten stecken.

Dass Muster in der Natur entscheidende Hinweise auf die dafür verantwortlichen Prozesse liefern, illustriert auf wunderbare Weise das Beispiel der Tierfelle. Der britische Mathematiker James Murray wollte mit Gleichungen das Mysterium klären, warum Leoparden gepunktet und Tiger gestreift sind. Er wusste, dass die Verbindung Melanin hinter der Musterung steckt. Die Substanz ist auch für die Haut-, Haar- und Augenfärbung beim Menschen verantwortlich. Unter Sonnenlicht wird sie vermehrt gebildet, unsere Haut bräunt sich.

In Murrays mathematischem Modell gibt es in den Hautzellen genau zwei Verbindungen, die als Gegenspieler fungieren. Die eine regt die Melaninproduktion an – die andere hemmt sie. Weil sich die Substanzen unterschiedlich schnell im Körpergewebe verteilen (diffundieren), können sich Regionen herausbilden, in denen der Aktivator die Oberhand hat (Fleck) oder aber der Inhibitor (kein Fleck).

> Reine Mathematik ist Religion. Wer ein mathematisches Buch nicht mit Andacht ergreift und es wie Gottes Wort liest, der versteht es nicht. Alle göttlichen Gesandten müssen Mathematiker sein.
> Novalis (Friedrich von Hardenberg, 1772–1801), Schriftsteller und Philosoph

Murray entdeckte bei seinen Computersimulationen, dass die Art des entstehenden Musters von der Größe und Form der Hautfläche abhängt. Bei langen schmalen Flächen bilden sich Streifen, bei kompakteren, eher quadratischen Flächen entstehen Flecken. Allerdings haben Leopard und Tiger einen sehr ähnlichen Körperbau – und dann müssten ihre Fellmuster auch ähnlich sein.

Es gibt jedoch einen entscheidenden Unterschied zwischen beiden Raubkatzen: Im Embryonenstadium, in dem die beschriebenen Diffusionsprozesse ablaufen, sind Tigerbabys lang gestreckt, während Leoparden-Embryos eher rund sind. So kommt es, dass die Tiger Streifen bekommen und die Leoparden Punkte!

Die Gleichungen Murrays lieferten Biologen sogar eine Art Steckbrief, nach welchen chemischen Prozessen sie suchen mussten. Erst war die mathematische Erklärung für das Muster da, danach wurden die tatsächlichen Abläufe in der Haut genauer untersucht.

Mathe enthüllt Skelette

Ganz ähnlich hat sich auch die moderne Physik entwickelt. Beispiel: Elementarteilchen. Vor etwa 40 Jahren wurde das Standardmodell der Teilchenphysik in der heutigen Form formuliert. Es beschreibt mit Gleichungen die Elementarteilchen und die Kräfte, die zwischen ihnen möglich sind. Das Standardmodell sagte auch die Existenz sogenannter Quarks voraus – ein Proton besteht demnach aus insgesamt drei Quarks. Und tatsächlich entdeckten Physiker diese bizarren Elementarteilchen später. Zuerst war die mathematische Theorie da – dann ihr experimenteller Nachweis.

Warum aber verwenden Mathematiker eine so seltsame Sprache – zumindest in ihren Büchern? Die Summenzeichen, Integrale und Wurzelzeichen, vor denen mancher zurückschreckt, sind letztlich nichts anderes als die Noten, mit denen Musiker ihre Ideen aufschreiben. Der Musiker kann die Noten lesen, er kann sich sogar ihren Klang vorstellen. Der Mathematiker erkennt in den abstrakten Symbolen Ideen und eben auch jene Muster wieder, die er beschreiben will. Letztlich handelt es sich bei den Formalismen um eine spezielle Sprache, mit der sich mathematische Beschreibungen und Ideen oder eben Melodien besonders leicht und kompakt formulieren lassen.

Für die mit abstrakten Symbolen beschriebenen Muster hat der britische Mathematiker Keith Devlin einen treffenden Vergleich gefunden: Man könne sie sich als »eine Art Skelett aller Dinge und Erscheinungen unserer Welt vorstellen«.

Was meint Devlin damit? Wenn es um Dreiecke geht, dann kommt es in der Regel nicht auf ihre Farbe an – und auch nicht auf ihre Größe. Entscheidend ist allein das rein abstrakte Grundgerüst, also zum Beispiel, ob das Dreieck gleichseitig ist, rechtwinklig oder gleichschenklig. Das Skelett einer Blume kann für einen Mathematiker in der Symmetrie ihres Blütenaufbaus bestehen.

Die Beschreibung der Mathematik als Wissenschaft der Muster ist mittlerweile weithin akzeptiert. Erstaunlich ist jedoch, dass die Mathematik aus so vielen verschiedenen Teilgebieten besteht, bei denen kaum erkennbar ist, ob und wie sie miteinander zusammenhängen. Denken Sie zum Beispiel an die Zahlentheorie und an die Geometrie. Oder die Wahrscheinlichkeitsrechnung und die Topologie.

In der Topologie geht es um die verallgemeinerten Strukturen von Objekten, die sich auch durch Verformungen nicht ändern. Eine Tasse unterscheidet sich demnach zum Beispiel nicht von einem Donut – beide haben ein Loch. Beim Donut sieht man das Loch sofort, bei der Tasse wird es vom Henkel gebildet. Die Becherform der Tasse ist aus topologischer Sicht irrelevant, dabei handelt es sich quasi um eine platt gedrückte und anschließend zum Becher geformte Donut-Ecke.

Für den Laien sind Zusammenhänge zwischen den verschiedenen Teilgebieten der Mathematik nur schwer erkennbar – aber es gibt sie. Mitunter haben Mathematiker so etwas wie Metatheorien entwickelt, zum Beispiel die Gruppentheorie, um Arithmetik und Geometrie auf einer höheren, abstrakteren Ebene zusammenzubringen.

Ursprünglich war die Gruppentheorie dazu da, die Rechenoperationen mit Zahlen zu verallgemeinern. So gibt es viele Ähnlichkeiten zwischen dem Addieren und Multiplizieren. Beide Operationen sind beispielsweise kommutativ, das heißt, zwei Elemente können bei einer Operation problemlos vertauscht werden: $a + b = b + a$ und $a \times b = b \times a$.

Beim Addieren und Multiplizieren existiert zudem ein sogenanntes neutrales Element. Das bedeutet, ich kann eine Zahl nehmen und zu dieser das neutrale Element hinzuaddieren oder die Zahl damit multiplizieren – das Ergebnis wird in beiden Fällen die Ursprungszahl sein. Bei der Addition ist die Null das neutrale Element $(8+0=8)$, bei der Multiplikation ist es die Eins $(8 \times 1 = 8)$.

Plus mal Drehung

In der Geometrie kann ich nicht so gut plus oder mal rechnen, aber dafür zum Beispiel ein regelmäßiges Sechseck drehen – und zwar so, dass das Sechseck auf sich selbst abgebildet wird. Das geschieht etwa bei Drehungen um 60 und 120 Grad. Die Menge dieser Drehungen bildet ebenfalls eine Gruppe. Auch hier gilt das Kommutativgesetz: Wenn ich ein Sechseck zweimal nacheinander drehe, dann ist es egal, welche der beiden Drehungen ich zuerst ausführe. Auf abstrakter Ebene existieren also Parallelen zwischen Addition und Drehung – also Arithmetik und Geometrie.

Es gibt eine sehr schöne Analogie von Ian Stewart zur Beschreibung der vielen mathematischen Teilgebiete. Die Mathematik ist demnach eine Landschaft, durch die wir uns bewegen können. Als Laie kennen wir nur einige wenige Bereiche, der Mathematiker kann sich in der Landschaft freier bewegen und auch Gipfel erklimmen, die eine wunderbare Aussicht bieten. Von oben fügen sich die einzelnen Teile der Landschaft zu einem Gesamtbild.

Der Laie wandelt auf den ausgetretenen, leicht zugänglichen Pfaden des mathematischen Territoriums. Ihm fehlt der Blick auf das Ganze, er kann nicht mal durch das Dickicht rechts und links des Weges blicken. Der mathematisch

Schöpferische wagt sich in unbekannte und mysteriöse Gebiete vor, fertigt Landkarten an und baut Straßen durch sie hindurch, um sie für alle leichter zugänglich zu machen. So wird der Mathematiker quasi zum Straßenbauer in einer virtuellen Welt.

Vielleicht verstehen Sie jetzt besser, warum Mathematiker ihr Fach als großes Abenteuer sehen und sich mitunter fühlen wie ein Entdecker auf Expedition. Der Leipziger Mathematiker Eberhard Zeidler folgt diesem Expeditionsgedanken, wenn er die Mathematik als »geistiges Auge« bezeichnet. Sie gleicht einem zusätzlichen Sinnesorgan, mit dem der Mensch in Erkenntnisbereiche vorstoßen kann, die weit von seiner täglichen Erfahrungswelt liegen.

Der Begriff des geistigen Auges geht auf den deutschen Mathematiker Erich Kähler (1906–2000) zurück, der ihn bereits 1941 in einem Aufsatz verwendete. Kähler hielt offenbar alles für möglich, solange Menschen die Welt nur mit mathematischen Mitteln analysieren: »Wir können nicht ahnen, in welche Ferne und Tiefe dieses geistige Auge den Menschen noch blicken lässt.«

Das klingt fast schon beängstigend. Und ich gebe zu: Ein wenig habe ich mich selbst auch immer vor der Mathematik gefürchtet. Wird man nicht immer mehr hineingezogen in eine abstrakte Welt und verliert den Kontakt zur realen Welt? Und wegen dieser Bedenken habe ich mich dann dazu entschlossen, Physik und nicht Mathematik zu studieren.

Ich kann jedoch gut nachvollziehen, dass für manchen Mathematiker sein Fach die Rolle einer Religion spielt. Unser Dasein ist voller Ungewissheit und Unsicherheit. Der Mensch aber sucht nach Beständigkeit, nach Dingen, die jenseits unserer alltäglichen menschlichen, biologischen oder physikalischen Welt liegen. Das Fach bietet mit seiner logischen Strenge und Konsistenz Halt und sogar Gewissheit, meint beispielsweise der Franzose David Ruelle. Vielleicht erklärt dies auch die Entrücktheit mancher Mathematiker. Bei ihrer Arbeit haben sie immer wieder das mathematisch Perfekte, das Geniale gesehen – eine Art Gotteserlebnis.

Viele Mathematiker sehen ihr Tun aber auch ganz pragmatisch: Da gibt es ungelöste Rätsel, da brauchen Physiker oder Biologen eine Erklärung für ein bizarres Muster, oder der Flugplan der Lufthansa soll so optimiert werden, dass ein paar wenige Verspätungen nicht sofort zu einem riesigen Durcheinander führen.

Ich würde es so formulieren: Mathematik versteht man am besten, wenn man sie betreibt. Das muss nicht auf allerhöchstem Niveau geschehen. Es sollte aber auf jeden Fall um Probleme gehen, die kreative Ideen erfordern, und nicht um das Formeldurchhecheln, was den Schulunterricht oft noch dominiert.

In diesem Sinne: Gehen Sie mit offenen Augen durch die Welt. Sie steckt voller spannender Mathematik, wenn man nur genau genug hinschaut.

Quellen

Sofern verfügbar, habe ich bei den wissenschaftlichen Publikationen die DOI-Nummer mit angegeben. Wenn Sie diese auf der Webseite doi.org in die Suchmaske eintippen, gelangen Sie direkt zu dem jeweiligen Fachartikel oder zumindest zum Abstract.

Kapitel 1

Prentice Starkey, Robert Cooper: »Perception of Numbers by Human Infants«, Science, Vol. 210, 28. November 1980, doi:10.1126/science.7434014

Karen Wynn: »Addition and subtraction by human infants«, Nature, Vol. 358, 27. August 1992, doi:10.1038/358749a0

Tony Simon, Susan J. Hespo, Philippe Rochat: »Do infants understand simple arithmetic? A replication of Wynn«, Cognitive Development, Vol. 10, Issue 2, April–June 1995, doi:10.1016/0885-2014(95)90011-X

Andrea Berger, Gabriel Tzur und Michael I. Posner: »Infant brains detect arithmetic errors«, PNAS, Vol. 103, No. 33, 15. August 2006, doi:10.1073/pnas.0605350103

Robert S. Moyer, Thomas K. Landauer: »Time required for Judgements of Numerical Inequality«, Nature, Vol. 215, 30. September 1967, doi:10.1038/2151519a0

Stanislas Dehaene: »Der Zahlensinn – oder warum wir rechnen können«, Birkhäuser, 1999, englische Originalausgabe »The Number Sense«, Oxford University Press, 1997

Stanislas Dehaene, Véronique Izard, Elizabeth Spelke, Pierre Pica: »Log or Linear? Distinct Intuitions of the Number Scale in Western and Amazonian Indigene Cultures«, Science, Vol. 320, 30. Mai 2008, doi:10.1126/science.1156540

Kapitel 2

Karen McComb, Craig Packer, Anne Pusey: »Roaring and numerical assessment in contests between groups of female lions, Panthera leo«, Animal Behaviour, Vol. 47, Issue 2, Februar 1994, doi:10.1006/anbe.1994.1052

Keith Devlin: »Der Mathe-Instinkt. Warum Sie ein Genie sind und Ihr Hund und Ihre Katze auch«, Klett-Cotta, 2005

Hans J. Gross, Mario Pahl, Aung Si, Hong Zhu, Jürgen Tautz, Shaowu Zhang: »Number-based visual generalisation in the honeybee«, PLoS ONE 4(1): e4263, 28. Januar 2009, doi:10.1371/journal.pone.0004263

Russel M. Church, Warren H. Meck: »The numerical attribute of stimuli«, aus dem Buch von H.L. Roitblat, T.G. Bever, H.S. Terrace »Animal cognition« (1984), S. 445–464

Guy Woodruff, David Premack: »Primative mathematical concepts in the chimpanzee: proportionality and numerosity«, Nature 293, 15. Oktober 1981, doi:10.1038/293568a0

Sana Inoue, Tetsuro Matsuzawa: »Working memory of numerals in chimpanzees«, Current Biology, Vol. 17, Issue 23, R1004–R1005, 4. Dezember 2007, doi:10.1016/j.cub.2007.10.027

Schimpanse Ai, Webseite des Primate Research Institute, Kyoto University, www.pri.kyoto-u.ac.jp/ai/index-E.htm

Irene M. Pepperberg: »Grey Parrot (Psittacus erithacus) Numerical Abilities: Addition and Further Experiments on a Zero-Like Concept«, Journal of Comparative Psychology, Vol. 120, No. 1, 2006, doi: 10.1037/0735-7036.120.1.1

Irene M. Pepperberg: »Alex und ich: Die einzigartige Freundschaft zwischen einer Harvard-Forscherin und dem schlausten Vogel der Welt«, mvg Verlag, September 2009

Alex – der Graupapagei, Webseite der Alex Foundation von Irene Pepperberg, www.alexfoundation.org

Timothy J. Pennings: »Do dogs know calculus?« College Mathematics Journal 34, Mai 2003, www.maa.org/features/elvisdog.pdf

Kapitel 3

Jacques Hadamard: »The Mathematician's Mind«, Princeton University Press, 1996

Stanislas Dehaene: »Der Zahlensinn – oder warum wir rechnen können«, Birkhäuser, 1999, englische Originalausgabe »The Number Sense«, Oxford University Press, 1997

Keith Devlin: »Das Mathe-Gen – oder Wie sich das mathematische Denken entwickelt + Warum Sie Zahlen ruhig vergessen können«, dtv, 2003, englische Originalausgabe »The Math Gene«, Basic Books, New York

Kevin F. Miller, Catherine M. Smith, Jianjun Zhu, Houcan Zhang: »Preschool Origins of Cross-National Differences in Mathematical Competence: The Role of Number-Naming Systems«, Psychological Science, Vol. 6, No. 1, Januar 1995, doi:10.1111/j.1467–9280.1995.tb00305.x

Jo-Anne LeFevre, Jeffrey Bisanz, Linda Mrkonjic: »Cognitive arithmetic: Evidence for obligatory activation of arithmetic facts«, Memory & Cognition, Volume 16, 1988, doi:10.3758/BF03197744

Arthur Benjamin, Michael Shermer: »Mathe-Magie – Verblüffende Tricks für blitzschnelles Kopfrechnen und ein phänomenales Gedächtnis«, Heyne, 2007, amerikanische Erstausgabe »Secrets of mental math«, Three Rivers Press, New York 2006

Gert Mittring: »Rechnen mit dem Weltmeister: Mathematik und Gedächtnistraining für den Alltag«, Fischer, 2011

Stanislas Dehaene, Elizabeth Spelke, Philippe Pinel, Ritta Stanescu, Susanna Tsivkin: »Sources of Mathematical Thinking: Behavioral and Brain-Imaging Evidence«, Science, Vol. 284, No. 5416, 7. Mai 1999, doi:10.1126/science.284.5416.970

Kapitel 4

Stella Baruk: »Wie alt ist der Kapitän? Über den Irrtum in der Mathematik«, Birkhäuser, 1989

Hartmut Spiegel, Christoph Selter: »Kinder und Mathematik – Was Erwachsene wissen sollten«, Friedrich-Verlag, 2003

Hendrik Radatz: »Fehleranalysen im Mathematikunterricht«, Vieweg, 1980

Hendrik Radatz: »Untersuchungen zum Lösen eingekleideter Aufgaben«, Journal für Mathematik-Didaktik, Heft 3, 1983

Elsbeth Stern: »Warum werden Kapitänsaufgaben ›gelöst‹? Das Verstehen von Textaufgaben aus psychologischer Sicht«, Der Mathematikunterricht, Heft 4, 1992

Hans Wußing: »6000 Jahre Mathematik – Eine kulturgeschichtliche Zeitreise« (2 Bd.), Springer-Verlag, 2009

KIRA – Kinder rechnen anders. Ein Projekt zur Weiterentwicklung der Grundschullehrer-Ausbildung der TU Dortmund, http://www.kira.tudortmund.de/

John Holt: »Chancen für unsere Schulversager«, Lambertus, 1969

Adrian Treffers: »Meeting innumeracy at primary school«, Educational Studies in Mathematics, Volume 22, Number 4, doi: 10.1007/BF00369294

Christa Erichson: »8 Tage durch 4 Freundinnen macht 2 Negerküsse«, Die Grundschulzeitschrift, Heft 22, 1989

Oliver Thiel: »Die unbekannte Schar im Mathematikunterricht«. Grundschule, 3/2004

Kapitel 5

Paul Lockhart: »A Mathematician's Lament«, Bellevue Literary Press, 2009, als PDF-Datei http://www.maa.org/devlin/LockhartsLament.pdf

Keith Devlin: »Lockhart's Lament«, März 2008, Artikel aus der Kolumne Devlin's Angle, http://www.maa.org/devlin/devlin_03_08.html

Stella Baruk: »Wie alt ist der Kapitän? Über den Irrtum in der Mathematik«, Birkhäuser Verlag, 1989

Martin Gardner: »My Best Mathematical And Logical Puzzles«, Dover Publications, 1994

Mathematikum Gießen, http://www.mathematikum.de/

Kapitel 6

Ehrhard Behrends, Peter Gritzmann, Günter M. Ziegler: »Pi & Co. Kaleidoskop der Mathematik«, Springer, 2008

David Ruelle: »Wie Mathematiker ticken. Geniale Köpfe – ihre Gedankenwelt und ihre größten Erkenntnisse«, Springer, 2010

Martin Aigner, Günter M. Ziegler: »Das BUCH der Beweise«, Springer, 2002

Hans Wußing: »6000 Jahre Mathematik – Eine kulturgeschichtliche Zeitreise« (2 Bd.), Springer-Verlag, 2009

Kapitel 7

Ian Stewart: »Professor Stewarts mathematisches Kuriositäten-Kabinett«, Rowohlt, 2010

Martin Gardner: »My Best Mathematical And Logical Puzzles«, Dover Publications, 1994

Aufgabenarchiv des Vereins Mathematik-Olympiaden e.V., http://www.mathematik-olympiaden.de/

Kapitel 8

Lew Landau, Juri Rumer: »Was ist die Relativitätstheorie?«, BSB B.G. Teubner Verlagsgesellschaft, 1985

Siegmund Brandt: »Geschichte der modernen Physik«, Verlag C.H. Beck, 2011

Kapitel 9

Keith Devlin: »Das Mathe-Gen – oder Wie sich das mathematische Denken entwickelt + Warum Sie Zahlen ruhig vergessen können«, dtv, 2003, englische Originalausgabe »The Math Gene«, Basic Books, New York

Richard Courant, Herbert Robbins: »Was ist Mathematik?«, Springer, 1962

Ian Stewart: »Die Zahlen der Natur – Mathematik als Fenster zur Welt«, Spektrum, 2001

Walter Warwick Sawyer: »Prelude to Mathematics«, Penguin Books, 1955

David Ruelle: »Wie Mathematiker ticken. Geniale Köpfe – ihre Gedankenwelt und ihre größten Erkenntnisse«, Springer, 2010

Eberhard Zeidler: »Mathematik – ein geistiges Auge des Menschen«, http://www.mis.mpg.de/de/publications/populaerwissenschaftliche-artikel/geistiges-auge/teil-1.html

Günter M. Ziegler: »Darf ich Zahlen?: Geschichten aus der Mathematik«, Piper, 2010

Aufgaben

Aufgabenarchiv des Vereins Mathematik-Olympiaden e.V., http://www.mathematik-olympiaden.de/

Ian Stewart: »Professor Stewarts mathematisches Kuriositäten-Kabinett«, Rowohlt, 2010

Martin Gardner: »My Best Mathematical And Logical Puzzles«, Dover Publications, 1994

Hjördis Fremgen (Hrsg.): »Wie denn? Wo denn? Was denn? 250 knifflige Rätselgeschichten«, Ravensburger Buchverlag, 1992

Natalie van Eijk: »König Arcus auf der Suche nach dem Integral – 100 sagenhafte Logikrätsel«, Verlag Harri Deutsch, 1994

Johannes Lehmann (Hrsg.): »Rechnen und Raten. Ein unterhaltsames Mathe-Magazin«, Volk und Wissen, 1987

Johannes Lehmann: »Kurzweil durch Mathe«, Urania-Verlag, 1980

Michael Willers: »Denksport Mathematik. Rätsel, Aufgaben, Eselsbrücken«, dtv, 2010

Christian Hesse: »Warum Mathematik glücklich macht«, Verlag C.H. Beck, 2010

Witze und Zitate

Paul Renteln und Alan Dundes: »Foolproof: A Sampling of Mathematical Folk Humor«, Notices ot the AMS, Vol. 52, Number 1

Volker Runde: »Math jokes«, http://www.math.ualberta.ca/~runde/jokes.html

http://www.mathematik.de/ (Deutsche Mathematiker Vereinigung e.V.)

Algorithmus Ein Algorithmus ist ein definierter Plan zur Lösung eines Problems. Er kann auch in ein Computerprogramm umgesetzt sein.

Axiom Axiome sind Grundsätze einer Theorie, die nicht aus anderen Aussagen abgeleitet sind. Mathematische Beweise fußen auf Axiomen, diese werden als wahr vorausgesetzt. Ein Beispiel-Axiom aus der Arithmetik: Jede natürliche Zahl n hat genau einen Nachfolger $n+1$. Dieses Axiom definiert gewissermaßen die Menge der natürlichen Zahlen.

Basis Bei einer Potenz a^b bezeichnet man a als Basis, b ist der Exponent.

Beweis Ein Beweis ist der Nachweis der Richtigkeit einer Aussage. Als Grundlage dafür dienen Axiome, die als wahr vorausgesetzt werden, und andere Aussagen, die zuvor bereits bewiesen worden sind.

Formel, binomische $(a+b)^2 = a^2 + b^2 + 2ab$ und $(a-b)(a+b) = a^2 - b^2$ bezeichnet man als binomische Formeln.

Differenzieren, Differenzialrechnung Die erste Ableitung einer Funktion oder ihr Differenzial verrät, wie steil die in ein Diagramm gezeichnete Kurve einer Funktion ansteigt oder fällt. Das Ableiten oder Differenzieren wird genutzt, um beispielsweise Maximum oder Minimum einer Kurve zu finden. Dort ist die erste Ableitung nämlich genau null.

Distanzeffekt Je größer die Differenz zwischen zwei Zahlen ist, umso leichter und schneller können wir entscheiden, welche von beiden Zahlen die größere ist. Beispiel: Der Vergleich zwischen 3 und 8 geht schneller als zwischen 4 und 5.

Dualsystem Das Zahlensystem mit der Basis 2 heißt Dualsystem. Es nutzt nur zwei Ziffern (0 und 1). Jede Zahl wird als Summe von Zweierpotenzen dargestellt. Beispiel: $9 = 1001 = 1 \times 2^3 + 0 \times 2^2 + 0 \times 2^1 + 1 \times 2^0$.

Exponent Bei einer Potenz a^b bezeichnet man a als Basis, b ist der Exponent.

Exponentialfunktion Als Exponentialfunktion bezeichnet man eine Funktion $f(x) = a^x$. Häufig wird als Basis a die Euler'sche Zahl e verwendet ($e = 2,71828...$).

Fermat'sche Vermutung Die Fermat'sche Vermutung stammt aus dem 17. Jahrhundert und besagt, dass die Gleichung $a^n + b^n = c^n$ für ganzzahlige a, b, c (ungleich null) und natürliche Zahlen $n > 2$ keine Lösung besitzt. Erst 1993 gelang dem Briten Andrew Wiles der Beweis.

Funktion Eine Funktion ist eine Abbildung zwischen Mengen. Jedem Element der einen Menge (x) wird ein Element der anderen Menge zugeordnet (y). Man schreibt $y = f(x)$.

Gleichungssystem, lineares Ein Gleichungssystem besteht aus zwei oder mehreren Gleichungen und hat zwei oder mehr Unbekannte. Sofern die Unbekannten nur in erster Potenz darin auftauchen, spricht man von einem linearen Gleichungssystem.

Größeneffekt Je kleiner Zahlen sind, umso kürzer sind unsere Reaktionszeiten, wenn wir sie miteinander vergleichen sollen. Beispiel: Bei 2 und 4 entscheiden wir schneller als bei 7 und 9, obwohl die Differenz in beiden Fällen 2 ist.

Intervall Ein Intervall umfasst alle Elemente x einer Menge, die oberhalb einer Untergrenze a und unterhalb einer Obergrenze b liegen (a < x < b). Die Grenzwerte a und b können, müssen aber nicht zum Intervall gehören.

Kapitänsaufgabe Als solche werden Textaufgaben bezeichnet, bei denen man keine Lösung berechnen kann, weil die entscheidenden Angaben dafür fehlen. Viele Kinder rechnen jedoch trotzdem ein Ergebnis aus, weil sie davon ausgehen, dass man etwas ausrechnen können muss.

Koeffizient Ein Koeffizient ist ein Faktor, der zum Beispiel in Funktionen auftaucht. Beispiel: $f(x) = ax + b$ – hier sind sowohl a als auch b Koeffizienten. Man spricht auch häufig von Parametern.

Kongruenz Zwei geometrische Figuren sind zueinander kongruent, wenn man sie durch Parallelverschiebung, Drehung, Spiegelung oder eine Kombination dieser drei Operationen ineinander überführen kann.

Kreiszahl Pi Pi ist eine mathematische Konstante. Sie ist definiert durch das Verhältnis von Kreisumfang zu Kreisdurchmesser. Pi ist eine irrationale Zahl. Die ersten Stellen lauten: 3,14159…

Logarithmus/logarithmieren Der Logarithmus einer Zahl b zur Basis a ist jene Zahl x, welche die Gleichung $b = a^x$ erfüllt. Man schreibt auch $x = \log_a b$. Logarithmieren heißt nichts anderes, als den Logarithmus einer Zahl berechnen.

Menge In der Mengenlehre, einem Teilgebiet der Mathematik, werden einzelne Elemente, zum Beispiel Zahlen, zu einer Menge zusammengefasst. Eine Menge kann unendlich viele Elemente enthalten, wie etwa die Menge der natürlichen Zahlen, oder kein einziges. Dann spricht man von einer leeren Menge. Beim Vergleich zweier oder mehrerer Mengen interessieren sich Mathematiker oft für jene Elemente, die zugleich in allen Mengen enthalten sind, oder jene, die mindestens zu einer Menge gehören.

Mengeninvarianz Unter Mengeninvarianz versteht man die Fähigkeit zu erkennen, dass die Anzahl der Elemente einer Menge nicht von Eigenschaften wie Größe, Farbe, Form oder Anordnung abhängt.

Nenner Eine rationale Zahl r kann stets als Bruch oder Quotient zweier ganzer Zahlen a und b dargestellt werden: $r = \frac{a}{b}$. Dabei bezeichnet man a als Zähler und b als Nenner.

Polynom Ein Polynom ist eine Summe von Vielfachen von Potenzen einer oder mehrerer Variablen. Als Exponenten sind nur natürliche Zahlen erlaubt. Ein Polynom kann in der Form $a_n x^n + a_{n-1} x^{n-1} + \ldots + a_1 x + a_0$ geschrieben werden.

Potenz Eine Potenz ist eine Zahl, die in der Form a^b dargestellt werden kann. Dabei bezeichnet man a als Basis, b ist der Exponent.

Primzahl Eine Primzahl ist eine natürliche Zahl größer als 1, die nur durch 1 und durch sich selbst teilbar ist.

Quadratwurzel Die Quadratwurzel der Zahl x ist jene Zahl y, für die gilt $y^2 = x$.

Quadrieren Wenn man eine Zahl quadriert, multipliziert man sie mit sich selbst.

Quersumme Die Quersumme ist die Summe der Ziffernwerte einer Zahl. Ein Beispiel: 111: 1 + 1 + 1 = 3.

Quotient Ein Quotient ist ein Bruch, also eine Zahl der Form $\frac{a}{b}$.

Rotationssymmetrie Ein geometrisches Objekt ist rotationssymmetrisch, wenn man es durch Drehung um einen Winkel größer als 0 und kleiner als 360 Grad mit sich selbst in Deckung bringen kann. Ein typisches Beispiel ist ein regelmäßiges Fünfeck.

Satz Ein Satz ist eine Aussage in der Mathematik, die bewiesen werden muss. Grundlage dafür sind Axiome und andere Sätze, deren Richtigkeit schon bewiesen wurde.

Spieltheorie Das Arbeitsgebiet der Spieltheorie sind Systeme mit mehreren handelnden Personen, in denen der Erfolg des Einzelnen nicht nur vom eigenen Handeln, sondern auch von den Aktionen der anderen abhängt. Ziel der Untersuchungen ist es unter anderem, sich aus dem Handeln ergebende Vor- und Nachteile für Personen und Institutionen abzuleiten.

Stochastik In der Stochastik, einem Teilgebiet der Mathematik, werden die Wahrscheinlichkeitstheorie und die Statistik zusammengefasst.

Summand Als Summanden bezeichnet man eine Zahl, die zu einer anderen addiert wird.

Teiler Der Teiler t einer natürlichen Zahl a lässt keinen Rest, wenn man a durch t dividiert. Der Teiler ist selbst auch eine natürliche Zahl.

Term Ein Term ist ein mathematischer Ausdruck, der Zahlen, Variablen, Symbole mathematischer Operationen wie plus und minus sowie Klammern enthalten kann. Ein Beispiel für einen Term ist $a \times x + 5$.

Theorem Ein Theorem ist ein Satz von ganz besonderer Bedeutung, der bewiesen werden muss. Grundlage dafür sind Axiome und andere Sätze, deren Richtigkeit schon bewiesen wurde.

Topologie Die Topologie ist ein Teilgebiet der Mathematik. Sie untersucht die Eigenschaften geometrischer Körper, die sich durch Verformungen nicht ändern. Eine Tasse und ein Donut sind beispielsweise topologisch gesehen gleich.

Ungleichung Eine Ungleichung besagt, dass zwei Ausdrücke links und rechts vom Ungleichheitszeichen unterschiedlich groß sind.

Variable Eine Variable steht für eine Zahl, deren Größe nicht oder noch nicht festgelegt ist. Variablen werden daher von Buchstaben repräsentiert.

Winkelsumme Die Summe der Innenwinkel in einem Dreieck beträgt 180 Grad. In einem Viereck sind es 360 Grad. Die allgemeine Formel für ein n-Eck lautet: $(n-2) \times 180$ Grad.

Wurzel Mit Wurzel ist meist die Quadratwurzel einer Zahl x gemeint, also jene Zahl y, für die gilt $y^2 = x$. Man kann auch die dritte oder allgemein die n-te Wurzel einer Zahl berechnen, also die Zahlen q und r suchen, für die gilt $x = q^3$ beziehungsweise $x = r^n$.

Zahl, irrationale Eine irrationale Zahl ist eine unendliche, nichtperiodische Zahl, die sich nicht als Quotient zweier ganzer Zahlen darstellen lässt. Die Wurzel aus 2 und die Kreiszahl Pi sind zum Beispiel irrationale Zahlen.

Zahl, natürliche Die Menge aller natürlichen Zahlen ist folgendermaßen definiert: Die kleinste natürliche Zahl ist die 0. Jede natürliche Zahl n hat genau einen Nachfolger $n+1$. Alle natürlichen Zahlen >0 haben genau einen Vorgänger.

Zahl, rationale Eine rationale Zahl r lässt sich stets als Quotient zweier ganzer Zahlen a und b darstellen: $r = \frac{a}{b}$. Wobei b ungleich 0 ist.

Zahl, transzendente Eine Zahl t heißt transzendent, wenn kein Polynom mit rationalen Koeffizienten existiert, das die Zahl t als Nullstelle hat. Die Kreiszahl Pi ist ein Beispiel dafür.

Zähler Eine rationale Zahl r kann stets als Bruch oder Quotient zweier ganzer Zahlen a und b dargestellt werden: $r = \frac{a}{b}$. Dabei bezeichnet man a als Zähler und b als Nenner.

Zehnerlogarithmus Der Zehnerlogarithmus ist der Logarithmus einer Zahl zur Basis 10.

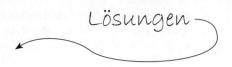

Aufgabe 1
Die Summe zweier natürlicher Zahlen ist 119, ihre Differenz ist 21.
Wie lauten die beiden Zahlen?

Wir nennen die gesuchten Zahlen a und b. Dann gilt
a + b = 119 und
a − b = 21

Wenn wir beide Gleichungen addieren, erhalten wir

a + b + a − b = 119 + 21
2a = 140
a = 70

Weil a − b = 21 ist, muss b = 49 sein.

Aufgabe 2
Ein Teich wird von Seerosen bewachsen. Pro Tag verdoppelt sich die von
ihnen bedeckte Fläche. Nach 60 Tagen ist der Teich vollständig zugewachsen.
Wie viele Tage hat es gedauert, bis der Teich zur Hälfte bedeckt war?

Weil sich die bedeckte Fläche jeden Tag verdoppelt hat, muss der
See am Tag 59 halb mit Rosen bedeckt gewesen sein.

Aufgabe 3

Neun Kugeln liegen auf dem Tisch. Eine davon ist etwas schwerer als die anderen. Sie haben eine klassische Waage mit zwei Waagschalen, die Sie aber nur zweimal benutzen dürfen. Wie finden Sie damit die schwerere Kugel?

Wir teilen die neun Kugeln in drei Gruppen zu je drei Kugeln ein. Bei der ersten Wägung kommen die Kugeln 1–3 in die linke und die Kugeln 4–6 in die rechte Schale. Wenn die Waage ein Gleichgewicht anzeigt, ist die gesuchte Kugel unter denen mit der Nummer 7–9. Ist bei der ersten Wägung ein Kugeltrio schwerer, dann geht es mit diesen drei Kugeln weiter. Bei der zweiten Wägung legen wir zwei der drei noch infrage kommenden Kugeln in die Schalen rechts und links. Ist eine Kugel schwerer, dann haben wir die gesuchte gefunden. Im Falle eines Gleichgewichts muss die dritte verbliebene Kugel die schwerste sein.

Aufgabe 4

Wie lässt sich der Betrag von 31 Cent passend bezahlen, wenn nur Münzen zu 10 Cent, 5 Cent und 2 Cent zur Verfügung stehen? Finden Sie alle Möglichkeiten!

31 ist eine ungerade Zahl. Weil 2 und 10 gerade sind, brauchen wir also auf jeden Fall eine ungerade Anzahl von 5-Cent-Münzen, damit die Summe ungerade wird. Infrage kommen einmal, dreimal oder fünfmal 5 Cent. Daraus ergeben sich die sechs Möglichkeiten:

$1 \times 5 + 0 \times 10 + 13 \times 2$
$1 \times 5 + 1 \times 10 + 8 \times 2$
$1 \times 5 + 2 \times 10 + 3 \times 2$
$3 \times 5 + 0 \times 10 + 8 \times 2$
$3 \times 5 + 1 \times 10 + 3 \times 2$
$5 \times 5 + 0 \times 10 + 3 \times 2$

Aufgabe 5

Ein Forscher will einen sechstägigen Fußmarsch durch die Wüste machen. Er und seine Träger können jeweils nur so viel Wasser und Nahrung mitnehmen, dass es vier Tage für eine Person reicht. Wie viele Träger muss der Forscher mitnehmen?

Der Forscher braucht zwei Träger. Diese laufen nur einen beziehungsweise zwei Tage mit ihm mit und kehren dann um. Die Schwierigkeit der Aufgabe besteht auch darin, dass die Träger genug Wasser und Proviant für den Rückweg haben müssen – sie sollen ja nicht in der Wüste verdursten. Nach einem Tag kehrt der erste Helfer um. Eine Ration hat er schon verbraucht, eine zweite benötigt er für den Rückweg. Deshalb gibt er je eine der beiden verbleibenden Rationen dem anderen Träger und dem Forscher. Nach zwei Tagen kehrt der zweite Träger um. Zweimal Proviant und Wasser sind bei ihm schon weg, und zwei Rationen braucht er für den Rückweg. Also kann er eine Ration an den Forscher weitergeben. Dieser hat damit insgesamt zwei Rationen von den Trägern bekommen – zusammen mit seinen vier vom Start kommt er so bis ans Ziel.

Aufgabe 6

Ein Behälter fasst drei Tassen Wasser, ein anderer fünf Tassen. Wie kann man damit vier Tassen Wasser abmessen?

Behälter A fasst fünf Tassen, Behälter B drei. Wir füllen A und kippen danach Wasser aus diesem Behälter in B. Dabei bleiben zwei Tassen im Behälter A übrig. Jetzt leeren wir B und füllen danach die zwei Tassen aus A hinein. Nun wird A nochmals gefüllt. Anschließend kippen wir aus A so viel Wasser in B, bis dieser Behälter voll ist. Weil in B schon zwei Tassen sind, passt nur noch eine zusätzlich hinein. Dann sind in A noch genau vier Tassen.

Aufgabe 7

Sie wissen, dass von den drei Kindern eins lügt. Welches?
Max sagt: Ben lügt.
Ben sagt: Tom lügt.
Tom sagt: Ich lüge nicht.

Wir schauen uns einfach an, was passiert, wenn a) Max, b) Ben oder c) Tom lügt. Im Fall a) würden Ben und Tom die Wahrheit sagen. Ben sagt jedoch, dass Tom lügt, was dann nicht möglich ist. Im Fall b) müssen Max und Tom die Wahrheit sagen – und das passt auch zu dem, was sie sagen. Im Fall c) müssten Max und Ben die Wahrheit sagen. Dann müsste es mit Ben und Tom jedoch zwei Lügner geben. Also kann nur b) stimmen – und damit ist Ben der Lügner.

Aufgabe 8

In einer Kiste befinden sich 30 rote, 30 blaue und 30 grüne Kugeln, die gleich schwer sind und sich gleich anfühlen. Sie brauchen zwölf gleichfarbige Kugeln. Während des Ziehens müssen Ihre Augen geschlossen bleiben, erst wenn Sie damit fertig sind, dürfen Sie die Augen wieder öffnen. Wie viele Kugeln müssen Sie aus der Kiste nehmen, damit Sie auf jeden Fall zwölf von einer Farbe haben?

Wir schauen uns einfach den ungünstigsten Fall an. Also: Wie viele Kugeln kann ich maximal ziehen, ohne dass ich zwölf von einer Farbe habe? Ganz einfach: elf von jeder Farbe, also 33. Wenn dann noch eine 34. Kugel dazukommt, habe ich mit Sicherheit zwölf gleichfarbige Kugeln, 34 ist deshalb die gesuchte Lösung.

Aufgabe 9

Es gilt: $4^2 - 3^2 = 4 + 3 = 7$. Dieser Trick funktioniert auch für die Zahlen 11 und 10, also $11^2 - 10^2 = 11 + 10$. Gibt es noch mehr davon?

Wir suchen alle Lösungen der Gleichung $a^2 - b^2 = a + b$, wobei a und b natürliche Zahlen sind. Mithilfe der bekannten binomischen Formel formen wir die Gleichung geschickt um:

$$a^2 - b^2 = a + b$$
$$(a+b)(a-b) = a + b$$
$$(a+b)(a-b-1) = 0$$

Das Produkt zweier Zahlen ist null, wenn einer oder beide Faktoren null sind. Wenn a und b null sind, ist dies erfüllt. Sobald eine der beiden Zahlen a, b größer null ist, ist auch $a+b$ größer als null. Dann stimmt die Gleichung nur, falls

$$a - b - 1 = 0 \quad \text{beziehungsweise}$$
$$a = b + 1$$

Also erfüllen alle Zahlenpaare a, b, bei denen a um eins größer ist als b, die Gleichung. Hinzu kommt noch die Lösung $a = 0$, $b = 0$.

Aufgabe 10

Nina und Lilly spielen das folgende Würfelspiel: Jeder Spieler erhält zwei übliche Spielwürfel. Gewürfelt wird abwechselnd, wobei jeder Spieler bei jedem Wurf entscheiden darf, ob er beide Würfel oder nur einen wirft. Die gewürfelten Punktzahlen werden addiert. Wem es zuerst gelingt, genau die Summe 30 zu erreichen, der hat gewonnen, wer über 30 kommt, muss wieder bei null anfangen. Nina hat zunächst immer mit beiden Würfeln gewürfelt und liegt nun bei 25 Punkten. Soll sie beim nächsten Wurf wieder beide Würfel oder nur einen verwenden, um bei diesem Wurf auf 30 zu kommen?

Um mit einem Würfel genau auf 30 Punkte zu kommen, braucht Nina eine 5. Die Wahrscheinlichkeit dafür ist 1/6. Mit zwei Würfeln sind die Kombinationen 1 + 4, 4 + 1, 2 + 3 und 3 + 2 möglich. (Wir müssen unterscheiden zwischen Würfel 1 und Würfel 2, deshalb ist 1 + 4 ein anderer Fall als 4 + 1). Insgesamt gibt es mit zwei Würfeln 36 Kombinationen, also ist die Wahrscheinlichkeit für eine 5 genau $4/36 = 1/9$. Die Chancen auf einen Sieg sind bei einem Würfel daher größer als bei zwei.

Der Elfer-Trick: a und b sind einstellige Zahlen, aus ihnen bilden wir die zweistellige Zahl ab. Weil die Ziffer a für die Zehner steht und b für die Einer, können wir sie aber auch in der Form $10a + b$ schreiben. Diese Zahl multiplizieren wir mit 11, wobei wir auch die 11 zerlegen in $10 + 1$:

$$
\begin{aligned}
ab \times 11 &= (10a + b) \times (10 + 1) \\
&= 100a + 10a + 10b + b \\
&= 100a + 10 \times (a + b) + b
\end{aligned}
$$

Sofern a + b kleiner als 10 ist, haben wir den Rechentrick damit schon bewiesen. Denn das gesuchte Ergebnis können wir in der Form a(a + b)b schreiben. Sollte a + b größer als 9 sein, müssen wir die Zehnerstelle des Ergebnisses zur Hunderterziffer addieren, wie im Rechenbeispiel $85 \times 11 = 8(8 + 5)5 = 8(13)5 = (8 + 1)35 = 935$.

Aufgabe 11
Ein König steht allein auf einem Schachbrett in einer Ecke. Er kann immer nur ein Feld weiterrücken. Immer wenn ihn das Gefühl der Einsamkeit überkommt, rutscht er auf ein benachbartes Feld. Dies geschieht insgesamt 62-mal. Zeigen Sie, dass es ein Feld auf dem Schachbrett gibt, das der König dabei nicht betreten hat.

Das Schachbrett hat 8×8 = 64 Felder. Wenn ein König 62-mal bewegt wird, kann er höchstens auf 63 Feldern gewesen sein – wir dürfen das Feld, auf dem er zu Beginn stand, ja nicht vergessen. Also hat er mindestens ein Feld nicht betreten.

Aufgabe 12
Finden Sie alle zweistelligen natürlichen Zahlen, die gleich dem Dreifachen ihrer Quersumme sind.

Wenn a die Zehnerziffer und b der Einer der gesuchten zweistelligen Zahl ist, dann muss Folgendes gelten:

$10a + b = 3a + 3b$
$7a = 2b$

Weil 2 und 7 Primzahlen sind sowie a und b einstellig, kann b nur 7 sein und damit $a = 2$. Es gibt also nur eine Lösung: 27.

Aufgabe 13
Gegeben sind zwei verschieden große Quadrate. Finden Sie ein Quadrat, dessen Fläche genauso groß ist wie die Fläche der beiden gegebenen Quadrate zusammen.

Wenn die beiden Quadrate die Seitenlängen a und b haben, dann ist ihre Fläche a^2 beziehungsweise b^2. Wir suchen also ein Quadrat mit der Seitenlänge c, dessen Fläche c^2 genau der Summe $a^2 + b^2$ entspricht – also $a^2 + b^2 = c^2$. Diese Gleichung erinnert Sie vielleicht an den Satz des Pythagoras. Bei einem rechtwinkligen Dreieck gilt nämlich genau $a^2 + b^2 = c^2$, wobei a und b die Längen der Katheten sind, also der Seiten, die den rechten Winkel bilden, und c die Länge der Hypotenuse ist. Für die Lösung konstruieren wir also einfach ein rechtwinkliges Dreieck mit den Katheten a und b. Die Seite c ist dann die Seitenlänge des gesuchten Quadrats.

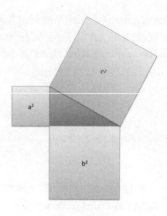

Aufgabe 14

Drei gleich große Kreise berühren sich gegenseitig. Wie groß ist die von ihnen eingeschlossene Fläche?

Die drei Kreise haben den Radius r. Eine Zeichnung verdeutlicht, wie man die eingeschlossene Fläche berechnen kann:
Wir müssen die Fläche eines gleichseitigen Dreiecks mit der Seitenlänge 2r bestimmen und davon die drei Kreissektoren abziehen, die wie besonders große Tortenstücke aussehen. Weil die Winkel im gleichseitigen Dreieck genau 60 Grad groß sind, ist die Fläche jedes dieser Tortenstücke 1/6 der gesamten Kreisfläche – bei drei Stücken kommen wir also auf eine halbe Kreisfläche, also auf $\pi r^2/2$. Die Fläche des gleichseitigen Dreiecks beträgt $2 \times r \times h/2 = r \times h$. h ist dabei die Höhe des Dreiecks. Wir können sie mit dem Satz des Pythagoras leicht ausrechnen: $h^2 + r^2 = (2r)^2$. Daraus ergibt sich $h^2 = 4r^2 - r^2$ und $h = \sqrt{3} \times r$. Die eingeschlossene Fläche ist daher $r^2 \times (\sqrt{3} - \frac{\pi}{2})$.

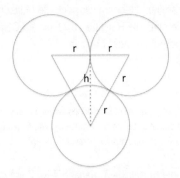

Aufgabe 15
Zeigen Sie, dass es unendlich viele Beispiele für fünf aufeinanderfolgende natürliche Zahlen gibt, von denen keine eine Primzahl ist.

Die fünf Zahlen von 24 bis 28 sind sämtlich keine Primzahlen. Zu ihnen addieren wir beliebige Vielfache von $24 \times 25 \times 26 \times 27 \times 28$. Das Ergebnis sind stets fünf aufeinander folgende Zahlen, die durch 24, 25, 26, 27 oder 28 teilbar und damit keine Primzahlen sind.

Aufgabe 16
Wie Sie wissen, gibt es Münzen für die Cent-Beträge 1, 2, 5, 10, 20 und 50. Wenn man jeden Betrag von 1 bis 99 Cent passend haben möchte, wie viele Münzen braucht man dafür mindestens?

Beginnen wir mit den Beträgen von 1 bis 4 Cent. Wir brauchen dafür auf jeden Fall drei Münzen: 1 Cent + 2×2 Cent oder 2×1 Cent + 2 Cent. Mit 4×1 Cent könnte man die Beträge ebenfalls darstellen, bräuchte aber eine Münze mehr. Analog dazu brauchen wir für 10, 20, 30 und 40 Cent drei Münzen – entweder 1×10 Cent + 2×20 Cent oder 2×10 Cent + 1×20 Cent. Mit sechs Münzen können wir so die Beträge 1–4, 10–14, 20–24, 30–34 und

40–44 Cent darstellen. Nehmen wir noch die Münzen 5 Cent und 50 Cent dazu, so sind alle Beträge von 1 bis 99 Cent möglich – wir brauchen also insgesamt acht Münzen.

Aufgabe 17

Neun Kugeln liegen auf dem Tisch. Eine davon ist etwas schwerer als die anderen. Sie haben eine Waage mit Digitalanzeige. Wie finden Sie die schwerere Kugel, wenn Sie die Waage nur viermal benutzen dürfen?

Wir wiegen erst die Kugeln 1–3, danach 4–6. Zeigt das Display beide Male dasselbe Gewicht an, muss die gesuchte Kugel die Nummer 7, 8 oder 9 haben. Ist eins der gewogenen Kugeltrios schwerer, wissen wir ebenfalls, unter welchen drei die gesuchte Kugel ist. Von diesen drei Kugeln a, b, c wählen wir zwei aus und wiegen sie einzeln. Entweder ist eine der beiden Kugeln schwerer und damit die gesuchte, oder aber beide sind gleich schwer. Dann ist die dritte, nicht gewogene Kugel die gesuchte.

Aufgabe 18

Im Mathetest sollen die Kinder drei natürliche Zahlen addieren, die sämtlich größer als null sind. Hinterher unterhalten sich zwei Schüler. »Oh, ich habe aus Versehen nicht addiert, sondern multipliziert!«, meint das eine Kind. »Das macht nichts, es kommt zufällig dasselbe Ergebnis heraus«, sagt das andere. Mit welchen drei Zahlen haben die Kinder gerechnet?

Es muss gelten: $a \times b \times c = a + b + c$. Wir nehmen an, dass a die größte der drei Zahlen ist und b die zweitgrößte ($a \geq b \geq c$). Dann ist $a \times b \times c = a + b + c \leq 3a$ und damit $b \times c \leq 3$. Diese Bedingung erfüllen nur drei Zahlenpaare: $b=3; c=1$, $b=2; c=1$ und $b=1; c=1$. Die einzig mögliche Lösung, abgesehen von Vertauschungen der drei Zahlen, ist dann: $a=3; b=2; c=1$.

Aufgabe 19

Finden Sie alle Paare (x; y) reeller Zahlen, die das Gleichungssystem
$x^2 + 4y = 21$
$y^2 + 4x = 21$
erfüllen.

$x^2 + 4y = 21$
$y^2 + 4x = 21$

Wir subtrahieren die zweite Gleichung von der ersten und erhalten:

$x^2 - y^2 - 4(x-y) = 0$
$(x-y)(x+y) - 4(x-y) = 0$
$(x-y)(x+y-4) = 0$

Das Produkt zweier Zahlen ist dann null, wenn mindestens eine der Zahlen null ist. Also gilt entweder $x = y$ oder $x + y = 4$.
Im Fall $x = y$ kommt man auf $x^2 + 4x - 21 = 0$ und damit

$(x+2)^2 = 25$
$x + 2 = \pm 5$
$x = -2 \pm 5$

Also ist (x;y) entweder (−7;−7) oder (3;3). Im Fall $y = 4 - x$ muss gelten:

$x^2 + 16 - 4x = 21$
$x^2 - 4x - 5 = 0$

$(x-2)^2 = 9$
$x - 2 = \pm 3$
$x = 2 \pm 3$

Daraus ergibt sich für (x;y) (−1;5) oder (5;−1). Das Gleichungssystem hat damit vier verschiedene Lösungen.

Aufgabe 20
Vererbtes Weingut: Ein Vater möchte seinen drei Kindern 7 volle, 7 halb volle und 7 leere Fässer vermachen. Jedes Kind soll die gleiche Zahl Fässer und die gleiche Menge Wein bekommen – umfüllen ist nicht erlaubt. Wie muss er die Fässer aufteilen?

Die zu verteilende Weinmenge entspricht 10,5 Fässern – das bedeutet, dass jedes Kind 3,5 Fässer Wein und damit auf jeden Fall je ein halb volles Fass bekommen muss. Dann müssen wir noch 7 volle, 4 halb volle und 7 leere Fässer verteilen. 4 halb volle Fässer entsprechen vom Weinvolumen und der Fassanzahl genau 2 vollen und 2 leeren Fässern. Also können wir die verbleibende Aufgabe auch so formulieren: Verteile 9 volle und 9 leere Fässer auf drei Leute, was natürlich kein Problem mehr darstellt. Die beiden ersten Kinder bekommen je 3 volle und 3 leere, das dritte Kind ein volles, ein leeres und 4 halb volle. Damit sind Wein und Fässer gerecht verteilt. Alternativ bekommt das erste Kind 3 volle und 3 leere Fässer, und die beiden anderen Kinder erhalten je 2 volle, 2 halb volle und 2 leere Fässer.

Aufgabe 21

Paul hat folgende Methode für das Quadrieren zweistelliger Zahlen entdeckt.

67^2
42
3649
42
4489

Erklären Sie diese Methode und berechnen Sie auf die gleiche Weise 59^2, 82^2 und 19^2. Warum funktioniert dieses Rechenverfahren?

67^2
42
3649
<u>42</u>
4489

Paul addiert $6 \times 7 \times 10$, $6^2 \times 100$, 7^2 und $6 \times 7 \times 10$. Dass die Methode funktioniert, ergibt sich direkt aus der binomischen Formel $(a+b)^2 = a^2 + b^2 + 2ab$. Wir setzen $a = 6 \times 10$ und für $b = 7$:

$$(6 \times 10 + 7)^2 = (6 \times 10)^2 + 7^2 + 2 \times 6 \times 10 \times 7$$
$$= 6 \times 10 \times 7 + 6^2 \times 100 + 7^2 + 6 \times 7 \times 10$$

59^2	82^2	19^2
45	16	09
2581	6404	0181
45	16	09
3481	6724	361

Aufgabe 22

Ein Mann will in einem kreisrunden See schwimmen. Er springt am Ufer ins Wasser und krault genau 30 Meter nach Osten, bis er das Ufer erreicht. Dann wendet er sich nach Süden und krault weiter. Nach 40 Metern erreicht er wiederum das Ufer. Welchen Durchmesser hat der See?

Der Mann ist im rechten Winkel geschwommen, weil er erst genau nach Osten und dann genau nach Süden unterwegs war. Also bilden die beiden Strecken die Katheten eines rechtwinkligen Dreiecks. Andererseits wissen Sie vielleicht noch aus der Schule, dass ein Sehnendreieck (alle Eckpunkte liegen auf einem Kreis) genau dann rechtwinklig ist, wenn die größte Seite des Dreiecks so lang ist wie der Durchmesser des Kreises (Satz des Thales). Damit ist klar, dass der gesuchte Durchmesser des Sees genau der Hypotenuse des Dreiecks entspricht. Nach dem Satz des Pythagoras gilt $d^2 = 30^2 + 40^2 = 900 + 1600 = 2500 = 50^2$. Also ist $d = 50$.

Aufgabe 23

Finden Sie alle dreistelligen Primzahlen, bei denen die erste Ziffer um eins größer ist als die mittlere und die letzte Ziffer um zwei größer als die mittlere.

An der Hunderterstelle steht die Ziffer $n+1$, in der Mitte bei der Zehnerstelle die Ziffer n und ganz rechts die Ziffer $n+2$ ($0 \leq n < 8$). Die Quersumme dieser Zahl beträgt $3n+3$ und ist durch 3 teilbar. Damit muss auch die Zahl selbst durch 3 teilbar sein, also gibt es keine dreistellige Primzahl mit den geforderten Bedingungen.

Aufgabe 24

In einer Schokoladenfabrik ist etwas schiefgelaufen. In einer von drei Paletten wiegen sämtliche Tafeln nicht 100 Gramm, sondern 102 Gramm. Aber niemand weiß, bei welcher der drei Paletten das Malheur passiert ist. Sie haben eine digitale Präzisionswaage, dürfen diese aber nur ein einziges Mal benutzen. Wie finden Sie den Stapel mit den zu schweren Tafeln?

Wenn ich aus jeder der drei Paletten eine Schokoladentafel nehme und diese dann gemeinsam wiege, erhalte ich 302 Gramm. Schließlich ist nur eine der drei Tafeln zu schwer. Welche das ist, erfahre ich so nicht. Der Trick ist, dass man nicht von jeder Palette nur eine Tafel nimmt, sondern unterschiedlich viele – zum Beispiel eine von der ersten, zwei von der zweiten und drei von der dritten. Bei der Messung sind dann folgende Ergebnisse möglich:

602 Gramm: Palette 1 ist die Lösung.
604 Gramm: Palette 2 ist die Lösung.
606 Gramm: Palette 3 ist die Lösung.

Man kann übrigens auch einfach nur eine Tafel vom ersten Stapel und zwei vom zweiten zusammen wiegen.

302 Gramm: Palette 1 ist die Lösung.
304 Gramm: Palette 2 ist die Lösung.
300 Gramm: Palette 3 ist die Lösung.

Aufgabe 25

Ein Casanova hat zwei Geliebte und kann sich nicht entscheiden, welche er lieber besucht. Also lässt er den Zufall entscheiden. Weil die Frauen an entgegengesetzten Endpunkten der S-Bahn-Linie wohnen, nimmt er einfach immer die Bahn, die zuerst kommt. In beiden Richtungen fahren die S-Bahnen im Zehn-Minuten-Takt. Nach zwei Monaten stellt er jedoch fest, dass er bei der einen Geliebten 24-mal, bei der anderen jedoch nur 6-mal war. Wie kann das sein?

Die entgegengesetzt verkehrenden Bahnen fahren immer im Abstand von zwei Minuten los. Zur Minute null startet Bahn A, zwei Minuten später Bahn B, zwei plus acht Minuten später die nächste Bahn A und so weiter. Wenn der Casanova zufällig am Bahnhof ankommt, dann fährt er mit einer Wahrscheinlichkeit von 2/10 mit der Bahn B und mit einer Wahrscheinlichkeit von 8/10 mit Bahn A. Er landet damit im Durchschnitt viermal so oft bei der einen Freundin wie bei der anderen.

Aufgabe 26

In dem Gleichungssystem a + b + c = d + e + f = g + h + i entspricht jedem Buchstaben genau eine der Zahlen von 1 bis 9. Jede Zahl kommt genau einmal vor. Finden Sie alle Lösungen! Das Vertauschen zweier Dreiergruppen stellt keine neue Lösung dar.

Die Summe über alle neun Zahlen 1 + 2 + 3 + ... + 9 beträgt 45, also muss die Summe über die drei Zahlentrios jeweils 15 sein. Es gibt dann nur zwei mögliche Kombinationen: 159 267 348 und 168 249 357. Man findet diese leicht, wenn man mit der 1 beginnt und dann alle Zahlenpaare sucht, die zusammen 14 ergeben. Möglich sind nur 5 + 9 sowie 6 + 8.

Aufgabe 27

Bestimmen Sie alle Paare (x;y) reeller Zahlen, die das folgende Gleichungssystem lösen:
$x^2 + y^2 = 2$
$x^4 + y^4 = 4$.

Wir quadrieren die erste Gleichung und benutzen dabei die binomische Formel $(a + b)^2 = a^2 + b^2 + 2ab$.

$(x^2 + y^2)^2 = 2^2$
$x^4 + y^4 + 2x^2y^2 = 4$

Aus der zweiten Gleichung

$x^4 + y^4 = 4$

folgt direkt, dass $2x^2y^2 = 0$ sein muss, was nur im Fall $x = 0$ oder $y = 0$ der Fall ist. Daraus ergeben sich folgende zwei Lösungen:

$x = \sqrt{2}$; $y = 0$

$y = \sqrt{2}$; $x = 0$

Aufgabe 28

Drei gleich große Kreisscheiben mit dem Radius r liegen so zusammen, dass jede die anderen beiden berührt. In der Mitte zwischen den drei Scheiben befindet sich ein kleiner Kreis, der ebenfalls alle drei großen Kreise berührt. Wie groß ist der Durchmesser des kleinen Kreises?

Wir nennen den Radius der drei großen Kreisscheiben R, den des kleinen eingeschlossenen Kreises r. Dann bilden die drei Mittelpunkte der großen Kreise ein gleichseitiges Dreieck mit der Seitenlänge $2 \times R$. Der Mittelpunkt des kleinen Kreises liegt genau am Schnittpunkt der Winkelhalbierenden. Der Winkel zwischen der Dreiecksseite und der gestrichelt gezeichneten Winkelhalbierenden beträgt $1/2 \times 60 = 30$ Grad.

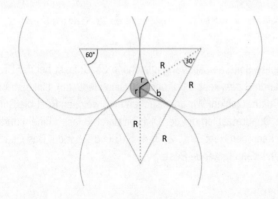

Wenn wir nun die graue, durchgezogene Linie der Länge b einzeichnen, die senkrecht auf der Dreiecksseite mit der Länge 2×R steht und diese genau in der Mitte teilt, wird klar, wie wir rechnen müssen. Die beiden entstandenen Dreiecke mit der Seitenlänge R, R+r und b bilden je eine Hälfte eines gleichseitigen Dreiecks mit der Seitenlänge R+r, also muss 2×b=R+r sein. Jetzt können wir mit dem Satz des Pythagoras rechnen:

$$(R+r)^2 = R^2 + \frac{1}{4}(R+r)^2$$

$$\frac{3}{4}(R+r)^2 = R^2$$

$$(R+r)^2 = \frac{4}{3} \times R^2$$

$$R+r = \frac{2}{\sqrt{3}} \times R$$

$$r = \frac{2-\sqrt{3}}{\sqrt{3}} \times R$$

Aufgabe 29
Finden Sie alle natürlichen Zahlen a, b, c, die die Gleichung $a^2 + b^2 = 8c - 2$ erfüllen.

Die rechte Seite der Ausgangsgleichung 8c−2 lässt bei der Division durch 8 den Rest 6 (−2 und +6 sind identisch). Links stehen zwei Quadratzahlen. Wir untersuchen nun, welchen Rest die Summe zweier Quadratzahlen bei der Division durch 8 lässt. Eine natürliche Zahl y kann den Rest 0, 1, 2, 3, 4, 5, 6 und 7 haben. Das Quadrat y^2 besitzt dann folgende Reste:

Rest y	y²	Rest y²
1	1	1
2	4	4
3	9	1
4	16	0
5	25	1
6	36	4
7	49	1

Wenn eine Quadratzahl nur den Rest 0, 1 oder 4 hat, dann hat die Summe zweier Quadratzahlen den Rest 0, 1, 2, 4 oder 5. Weil die rechte Seite der Gleichung bezüglich 8 aber den Rest 6 hat, kann es keine Lösung geben.

Aufgabe 30
Sie schauen auf eine Wanduhr, die Stunden- und Minutenzeiger stehen in diesem Moment zufällig genau übereinander. Wie lange müssen Sie warten, bis dies wieder geschieht?

In zwölf Stunden überholt der große den kleinen Zeiger elfmal. Weil sich beide Zeiger mit konstanter Geschwindigkeit drehen, ist der Abstand zwischen zwei aufeinanderfolgenden Zeigerbegegnungen immer gleich. Es dauert also 12/11 Stunden, was einer Stunde, fünf Minuten und 27 Sekunden entspricht.

Aufgabe 31

Auf einer Messe hat eine Firma zu einer Standparty eingeladen.
Jeder Gast tauscht mit jedem anderen Gast Visitenkarten aus. Insgesamt 2450 Karten wechseln so den Besitzer. Wie viele Gäste waren auf der Party?

n Leute geben n−1 anderen Personen eine Karte – also werden n × (n −1) Karten getauscht. Weil 2450 = 50 × 49 ist, sind genau 50 Gäste auf der Party.

Aufgabe 32

Finden Sie alle natürlichen Zahlen x, y, für die gilt

$$\frac{1}{x} + \frac{1}{y} + \frac{1}{xy} = 1$$

Wir multiplizieren die Gleichung mit xy (x;y > 0) und erhalten:

$y + x + 1 = xy$
$y + 1 = x(y-1)$
$x = \frac{(y+1)}{(y-1)}$
$x = 1 + \frac{2}{(y-1)}$

Weil sowohl x als auch y natürliche Zahlen > 0 sind, muss 2/(y−1) eine natürliche Zahl sein. Und das ist nur für y = 2 und y = 3 der Fall. Damit erhalten wir die Lösungen 3;2 und 2;3.

Aufgabe 33

Drei Kreise mit gleichem Radius schneiden sich so, dass der Mittelpunkt jedes Kreises auf dem Rand der beiden anderen Kreise liegt, siehe Abbildung. Bestimmen Sie den Flächeninhalt der dunklen Fläche, die von allen drei Kreisen zugleich bedeckt wird!

Die drei Kreise haben den Radius R. Die zu berechnende Fläche setzt sich zusammen aus einem gleichseitigen Dreieck (Seitenlänge R) und drei identischen Kreissegmenten. Ein Kreissegment hat die Fläche eines Sechstel Tortenstücks minus der Fläche des gleichseitigen Dreiecks mit der Seitenlänge R – siehe Zeichnung. Ein Sechstel Tortenstück entspricht einem Sechstel Kreis.

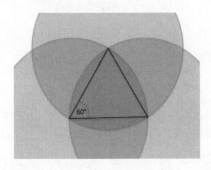

Also gilt:

Fläche Kreissegment $= \frac{1}{6} \times \pi \times R^2 - \sqrt{3} \times \frac{R^2}{4}$

$= R^2 \times (\frac{\pi}{6} - \frac{\sqrt{3}}{4})$

Gesuchte Fläche $= 3 \times \text{Kreissegment} + \text{Fläche Dreieck}$

$= \frac{1}{2} \times \pi \times R^2 - \sqrt{3} \times \frac{R^2}{2}$

$= \frac{R^2}{2} \times (\pi - \sqrt{3})$

Aufgabe 34

Auf dem Tisch stehen zwei gleich große, gleich volle Gläser. In dem einen ist Rotwein, in dem anderen Wasser. Mit einer Pipette nehmen Sie eine kleine Menge Rotwein und geben sie ins Wasser. Anschließend entnehmen Sie mit der Pipette dasselbe Volumen Flüssigkeit aus dem Glas mit Wasser und etwas Wein und geben sie zurück in das Weinglas. Beide Gläser sind nun wieder gleich voll. Ist dann mehr Wein im Wasser oder mehr Wasser im Wein?

Im Weinglas ist genauso viel Wasser wie Wein im Wasserglas – und das kann man auch ohne komplizierte Rechnung zeigen. Die Menge Rotwein, die im Wasserglas ist, fehlt im Weinglas. Und genau dasselbe Volumen, nur eben als Wasser, muss im Weinglas sein, denn nur dann sind beide Gläser genau gleich voll.

Aufgabe 35

Von einer ganzen Zahl z wird gefordert:
(1) Die Zahl z ist größer als 999 und kleiner als 10.000.
(2) Die Quersumme von z ist kleiner als 6.
(3) Die Quersumme von z ist Teiler von z.
Wie viele Zahlen gibt es, die diese Bedingungen erfüllen?

Die Lösung der Aufgabe ist etwas umfangreicher, aber sie zeigt sehr schön, wie systematisch Mathematiker oft vorgehen. Wir bezeichnen die Quersumme von z mit QS(z). Gelöst wird die Aufgabe mit einer vollständigen Fallunterscheidung aller infrage kommenden Quersummen.

$QS(z) = 1$:
Nur die Zahl $z = 1000$ ist vierstellig und hat die Quersumme 1. Diese Zahl ist auch durch 1 teilbar. Also gibt es in diesem Fall genau eine Lösung.

$QS(z) = 2$:
Die Endziffer von z muss wegen (3) gerade sein. Wenn die Endziffer 2 ist, dann müssen alle anderen Ziffern wegen $QS(z) = 2$ gleich 0

sein. Dann wäre z aber nicht vierstellig. Folglich muss die Endziffer 0 sein. Weil z vierstellig ist, kommen nur die drei Lösungen 1100, 1010 und 2000 infrage.

QS(z) = 3:
Da eine Zahl genau dann durch 3 teilbar ist, wenn ihre Quersumme durch 3 teilbar ist, ist Bedingung (3) auf jeden Fall erfüllt. Nur Zahlen mit den Ziffern 1, 1, 1, 0 oder 1, 2, 0, 0 oder 3, 0, 0, 0 können die Bedingungen (1), (2) und (3) erfüllen. Unter Beachtung der durch (1) erlaubten Vertauschungen der Ziffern (ganz links darf keine Null stehen, sonst wäre die Zahl nicht vierstellig) gibt es für die Ziffern 1, 1, 1, 0 genau 3, für die Ziffern 1, 2, 0, 0 genau 6 und für die Ziffern 3, 0, 0, 0 genau eine Lösung. Insgesamt kommen wir hier also auf zehn verschiedene Zahlen mit den geforderten Eigenschaften.

QS(z) = 4:
Um der Bedingung (3) zu genügen, muss die aus den beiden letzten Ziffern gebildete Zahl durch 4 teilbar sein. Infrage kommen nur …00, …12 und …20, weil die Quersumme sonst größer als 4 wird. Jetzt müssen wir noch die anderen beiden Ziffern finden: Wenn die beiden Endziffern Nullen sind, dann kann z nur 4000, 3100, 2200 oder 1300 sein. Wenn 1 und 2 die beiden letzten Ziffern sind, so kann z nur 1012 sein. Sind 2 und 0 die Endziffern, so kann z nur 2020 oder 1120 sein. Also gibt es in diesem Fall sieben Zahlen mit den geforderten Eigenschaften.

QS(z) = 5
Die Zahl muss durch 5 teilbar sein, also auf 0 oder 5 enden. Die letzte Ziffer kann jedoch nicht 5 sein, weil die Quersumme der Zahl ja schon 5 ist, also ist die letzte Ziffer eine 0.
Wegen Bedingung (1) kann die erste Stelle nur 1, 2, 3, 4 oder 5 sein. Wir ermitteln alle zulässigen Zahlen der Größe nach:

1040, 1130, 1220, 1310, 1400, 2030, 2120, 2210, 2300, 3020, 3110, 3200, 4010, 4100, 5000. Folglich gibt es in diesem Fall genau 15 Zahlen mit den geforderten Eigenschaften.

Damit erfüllen insgesamt $1 + 3 + 10 + 7 + 15 = 36$ vierstellige Zahlen die Bedingungen.

Aufgabe 36
Die Summe zweier natürlicher Zahlen ist durch 3 teilbar, ihre Differenz nicht. Beweisen Sie, dass beide Zahlen nicht durch 3 teilbar sind.

Wir schreiben die beiden natürlichen Zahlen in der Form $3m + x$ und $3n + y$, wobei m, n, x, y natürliche Zahlen sind und x sowie y nur die Werte 0, 1, 2 annehmen können. Wenn die Summe der beiden Zahlen durch 3 teilbar ist, dann gilt entweder $x = 0$; $y = 0$ oder $x = 1$; $y = 2$ beziehungsweise $x = 2$; $y = 1$. Im Fall $x = 0$; $y = 0$ ist die Differenz der beiden Zahlen jedoch ebenfalls durch 3 teilbar, was laut Aufgabe nicht erlaubt ist. Also muss $x = 1$; $y = 2$ beziehungsweise $x = 2$; $y = 1$ gelten, was bedeutet, dass die Differenz den Rest 1 oder 2 lässt. Damit ist gezeigt, dass beide Zahlen nicht durch 3 teilbar sein können.

Aufgabe 37
Bei einem Kryptogramm repräsentiert jeder Buchstabe eine der Ziffern von 0 bis 9. Verschiedene Buchstaben stehen für verschiedene Ziffern. Finden Sie alle Lösungen für folgendes Kryptogramm:

```
  AB
 +AC
 ---
 DCB
```

Es muss gelten $D = 1$. Außerdem ist $C = 0$, weil $B + C = B$ ist. Wenn $C = 0$ ist, ist $A = 5$. B kann dann eine der Zahlen 2, 3, 4, 6, 7, 8, 9 sein.

Aufgabe 38
Wenn vier Hasen vier Löcher in vier Tagen graben, wie lange brauchen dann acht Hasen, um acht Löcher zu graben?

Die Hasen brauchen ebenfalls vier Tage. Sie sind zwar doppelt so viele, müssen aber auch doppelt so viele Löcher graben.

Aufgabe 39
Finden Sie alle geraden Zahlen n, für die gilt: Ein Quadrat lässt sich in n Teilquadrate zerlegen. Hinweis: Die Teilquadrate müssen nicht gleich groß sein.

Ab $n = 4$ können wir ein Quadrat immer wie gewünscht zerlegen, und zwar folgendermaßen. Wenn $n = 2k$ ist ($k > 1$), dann dividieren wir die Seitenlänge l des Quadrats durch k. Dies ist die Seitenlänge der $2k - 1$ kleinen Quadrate, die gemeinsam zwei Streifen der Breite l/k innerhalb des großen Quadrats bilden – siehe Skizze (Fall $n = 12$). Dann bleibt noch ein großes Quadrat übrig – macht zusammen $2k = n$ Quadrate.

Aufgabe 40

Sie wollen einen Holzstamm so umlegen, dass er genau auf der gestrichelt gezeichneten Linie liegt. Der Abstand von Stamm und Linie ist größer als eine und kleiner als die doppelte Stammlänge. Der Stamm ist so schwer, dass Sie ihn immer nur an einer Seite anheben und um das andere, auf dem Boden liegende Ende drehen können. Finden Sie die kleinste Anzahl von Zügen, um den Stamm zum Ziel zu bugsieren.

Das Geheimnis der Lösung besteht darin, dass beim Umlegen des Stammes Kreise eine zentrale Rolle spielen. Wenn ich den Stamm am rechten Ende anhebe und dann um das andere Ende drehe, das auf dem Boden liegt, laufe ich im Kreis. Der Kreis legt die Punkte fest, die ich mit einem Umlegezug erreichen kann.

Genauso kann ich einen Kreis bei der gestrichelten Linie zeichnen. Weil der Abstand von Stamm und Linie kleiner ist als die Stammlänge, schneiden sich die Kreise auf jeden Fall. Und damit ist klar, dass drei Züge zum Umlegen reichen.

In zwei Zügen schaffe ich es nicht, weil ich dann im ersten Zug ein Baumende auf ein Ende der gestrichelten Linie bugsieren müsste. Das gelingt nicht, weil der Abstand größer als eine Baumlänge ist.

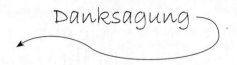

Ein Buch wie dieses schreibt man nicht allein. Mir haben viele Freunde, Bekannte und Kollegen dabei geholfen. Ganz besonders bedanken möchte ich mich bei meiner Freundin Karin Anna Dull für die erste kritische Durchsicht des Textes, bei Angelika Mette vom SPIEGEL-Verlag für die gemeinsame Entwicklung des Konzepts und bei meiner Lektorin Sandra Heinrici, die das Buch hervorragend betreut hat. Bedanken möchte ich mich außerdem bei Inge Schwank, Günter M. Ziegler, Thomas Vogt, Christoph Selter, Hartmut Spiegel, Albrecht Beutelspacher und Konrad Polthier für die inspirierenden Gespräche über Mathematik und Didaktik.

Martin Doerry/Markus Verbeet (Hg.). Wie gut ist Ihre Allgemeinbildung? Der große SPIEGEL-Wissenstest zum Mitmachen. KiWi 1162. Verfügbar auch als eBook

Nur Mut – testen Sie jetzt Ihr Allgemeinwissen!

Über 600.000 Leser haben am großen SPIEGEL-Wissenstest im Internet teilgenommen, dem bisher größten Test des Allgemeinwissens in Deutschland. Nur 26 von ihnen konnten alle Fragen richtig beantworten. Und wie steht es um Ihre Allgemeinbildung?

www.kiwi-verlag.de

Testen Sie auch Ihr Wissen über die Welt von heute und gestern!

Martin Doerry/Markus Verbeet.
Wie gut ist Ihre Allgemeinbildung?
Geschichte. Der große SPIEGEL-
Wissenstest zum Mitmachen.
KiWi 1191. Verfügbar auch als eBook

Martin Doerry/Markus Verbeet.
Wie gut ist Ihre Allgemeinbildung?
Politik & Gesellschaft. Der große
SPIEGEL-Wissenstest zum Mitmachen.
KiWi 1192. Verfügbar auch als eBook

Martin Doerry/Markus Verbeet.
Wie gut ist Ihre Allgemeinbildung?
Kultur. Der große SPIEGEL-Wissens-
test zum Mitmachen. KiWi 1235.
Verfügbar auch als eBook

Martin Doerry/Markus Verbeet.
Wie gut ist Ihre Allgemeinbildung?
Religion. Der große SPIEGEL-Wissens-
test zum Mitmachen. KiWi 1236.
Verfügbar auch als eBook

www.kiwi-verlag.de